과학페어(과학토론)대회

과학페어(과학토론) 대회
초판발행 | 2022년 03월 25일 | 2025년 04월 11일 5쇄
저자 | 박진국
발행인 | 주식회사 생수의 강
편집인 | 우현
발행처 | 리얼숲(REAL SOUP)

등록번호 | 제2017-000119호
서울특별시 서초구 서초구 신반포로205, 반포쇼핑타운6동 312호
전화 | 02-536-2046
팩스 | 02-333-8326 (주문)
메일 | realsoup1@naver.com

정가 : 18,000원
ISBN : 979-11-977793-1-2 13370

진국소장님과 함께하는 무한코칭

과학페어대회

(과학토론)

리얼슢출판사

서문

본 교재는 과학토론대회를 준비하는데 있어서 실질적인 도움을 주기 위해서 만들게 되었습니다. 토론대회의 진행되었던 과정들을 돌아보면서 앞으로 진행될 토론대회의 방향성을 파악하게 합니다. 또한 다양한 토론 논제를 접하게 하면서 토론 개요서를 잘 작성할 수 있는 훈련을 체계적으로 할 수 있게 돕습니다. 토론개요서 예시문도 다양하게 있어서 토론 개요서를 좀 더 효과적을 이해하고 작성하는 데에 명확한 도움을 줄 수 있을 것입니다. 개요서 예시를 잘 분석하고, 또 본인 스스로 작성하는 훈련을 많이 하면 실력이 쌓일 것입니다.

과학토론대회는 문제를 해결하기 위한 과학적이면서 창의적인 방안을 제시하는 것이 핵심입니다. 이를 위한 다양한 내공이 필요합니다. 이를 쌓기 위해서는 평소에 과학책도 많이 읽고 신문이나 과학 잡지 등을 통해서 최근 이슈에 대한 정보도 많이 접해야 합니다. 또한 검색능력도 매우 중요합니다. 필요한 자료를 검색을 통해서 찾고, 또한 그 정보에 대한 핵심 내용을 잘 파악하여 정리해야 합니다. 과학적인 지식이 부족하다고 해서 미리부터 겁먹을 필요는 없습니다. 본 교재에 있는 다양한 기출 논제를 가지고 개요서 작성 연습도 하고 발표도 연습하고, 예상문제도 만들어보면서 그에 대한 답변도 찾아서 정리해 보면 좋겠습니다. 많은 개요서를 작성해 보면 자연스럽게 내공이 쌓이게 됩니다. 그리고 문제를 해결하기 위한 방안들을 찾는 과정에서도 그동안 배운 것을 활용하면서 실력이 아주 많이 쌓이게 됩니다.

특목고, 영재교, 과학고를 목표로 하는 학생들이나 학교에서 교내 대회 수상을 목표로 하는 친구들도 이 교재로 대회 준비를 하면 좋은 성과가 있을 것입니다. 꼭 그런 목표가 없다고 해도 과학토론대회를 준비한다면 다양한 능력을 기를 수 있기 때문에 도움이 많이 됩니다.

무엇보다 다양한 논제에 대한 호기심을 가지고 적극적으로 연습하고 도전해보세요. 올해의 과학토론대회에 대한 주인공이 되어 보시는 어떤까요? 여러분은 충분히 재능이 있으며 얼마든지 할 수 있습니다. 응원합니다.

목차

Science debate contest

Part 1 과학토론대회를 위한 꿀팁!

1. 과학토론대회에 필요한 핵심포인트!

미래에 필요한 인재들의 능력 중에서도 중요한 것이 바로 문제해결력입니다. 갈수록 예측할 수 없는 문제들은 계속 일어나고 있으며 이를 해결하기위한 노력도 계속 되어야 합니다. 인류의 생존과도 연결이 되기 때문입니다. 이런 문제해결력은 짧은 시간에 길러지는 것이 아닙니다. 다양한 도전을 통해서 시행착오를 겪으면서 배우게 됩니다. 그 다양한 도전 중에서도 과학토론대회는 융합적이고 논리적인 사고력을 길러주면서 사회와 과학 전반적인 이슈들을 파악할 수 있게 합니다. 그리고 단순하게 파악만으로 끝나는 것이 아니라 문제 해결 가능성이 있는 실천 방안을 제시할 수 있는 탐구도 할 수 있게 돕습니다. 예전에는 탐구를 하고 보고서를 작성해서 낸 후에 토론을 했습니다. 바뀐 대회는 토론개요서 작성을 한 후에 과학토론을 합니다. 이 때문에 과학탐구를 직접 할 수는 없지만 과학탐구를 할 수 있는 설계를 하고 이를 뒷받침할 수 있는 연구 자료들을 근거로 찾아서 제안하므로 설득력을 더 높일 수 있습니다. 그래서 과학탐구를 한 것과 같은 간접적인 효과를 낼 수가 있습니다. 이런 모든 과정을 잘 하기 위해서는 과학적인 소양도 매우 높아야 하고 관심도 있어야 하고 발표도 잘 해야 하고 자료 분석도 잘 해야 합니다. 그리고 아이디어도 잘 내야 합니다. 나중에는 토론도 잘 해야 합니다. 그래서 과학토론대회는 매우 어려운 대회입니다. 하지만 이런 과학토론대회를 도전하면서 짧은 시간에 많은 다양한 능력을 길러낼 수 있습니다. 평소에 과학적인 소양이 부족하다고 해도 이런 과학토론대회를 준비하면서 길러질 수 있습니다. 매년 대회를 나가게 되면 계속 발전하게 됩니다. 대회를 경험을 해 본 학생들은 성장을 하게 되는 것을 알게 됩니다.

그러나 어떠한 대회도 미리 준비하고 연습하고 나가는 것은 기본입니다. 이런 준비를 하는 과정 속에서 실력이 길러지고 또 좋은 결과도 따라오게 됩니다. 수상을 하면 너무 좋습니다. 하지만 수상을 꼭 못한다고 해도 이 대회를 치루면서 이전보다 더 발전하고 성장한 모습이 될 것은 확실합니다.

자! 그러면 과학토론대회를 잘 하기 위해서 어떠한 능력을 필요하고 길러야 할까요? 본 교재를 통해서 차근차근 연습해 간다면 과학토론대회에 필요한 능력은 어느새 길러져 있을 것입니다.

첫째, 과학토론대회의 핵심은 논제가 나온 배경인 문제 상황을 잘 분석하고 이를 해결하기 위한 과학적인 해결 방안을 잘 도출해 내야 합니다.

둘째, 좋은 아이디어로 해결방안을 냈다고 해도 토론을 하게 되면 반론을 준비해야 합니다. 과학적으로 뒷받침 할 수 있는 근거를 찾아서 정리해야 합니다.

셋째, 주어진 자료로 토론대회를 진행했는데 이제는 자료를 검색하여 찾아가게 하기 때문에 검색능력도 매우 중요합니다. 좋은 내용을 검색해서 찾는다고 해도 토론개요서 작성을 위해서 필요한 자료여야 합니다.

넷째, 과학적인 탐구 방법을 설계해서 해결 방안을 제시해야 할 때도 있습니다. 이를 위한 과학적인 내공이 어느 정도는 있어야 합니다. 영재원을 다니거나 영재학교나 과학고를 준비하면서 내공을 많이 쌓은 학생들이라면 좀 더 유리할 수 있습니다.

다섯째, 논술만 잘 한다고 너무 자신하면 안 됩니다. 토론개요서의 작성 목적이 토론을 잘 하기 위한 자료를 만드는 것입니다. 글짓기를 하거나 논술문을 작성하는 것이 아닙니다. 과학토론이기 때문에 평소에 논술을 꾸준하게 배웠다고 해도 과학적인 해결방안을 찾아서 토론개요서를 작성하는 것과는 다릅니다.

여섯째, 평소에 과학이슈에 대해서 관심을 많이 가져야 합니다. 그래서 과학토론을 잘 하기 위해서는 평소에 과학책이나 잡지도 많이 읽고 또 종이 신문을 꾸준하게 읽은 것을 추천합니다. 신문 속에 들어있는 사회과 학문화의 전반적인 문제와 이슈들을 계속 관심 있게 알고 있으면 과학토론에 도움이 됩니다. 특히, 전국대회나 시대회의 논제들은 그 해에 일어난 이슈들에서 논제가 나오는 경우가 많기 때문입니다.

2. 과학토론대회입상을 위해 이 책을 효과적으로 활용하는 꿀팁!

첫째, 청소년 과학페어(과학토론) 요강

대회 요강을 꼼꼼하게 읽고 심사하는 기준이 어떤 것인지 잘 이해하고 숙지해야 합니다. 또한 대회에서 제출해야 하는 토론개요서 및 동영상 제출 양식 기준을 잘 잘 지켜야 합니다. 아무리 좋은 내용을 작성했다고 해도 기준에 어긋나면 감점이 될 수 있습니다.

둘째, 과학토론대회 지도 방법 안내

기본적으로 본 대회를 주체하는 주최측에서 제안한 내용들도 숙지를 하는 것이 좋습니다. 그래서 교내대회에서는 학교 선생님들 심사기준에 따라서 입상 여부에 대한 변수가 많습니다. 좋은 해결방안을 썼다고 하지만 누가 봐도 근거가 잘 도출 된 개요서 내용으로 파악이 된다면 비슷한 점수를 받을 수 있습니다. 그러나 창의적인 아이디어의 경우에는 심사하시는 선생님들의 기준과 생각에 따라서 다른 점수를 받을 수 있습니다. 그래서 대회의 규모가 커질수록 심사기준에 맞게 전략적으로 준비하는 것이 바람직하며 좋은 점수를 받을 수 있습니다.

셋째, 과학토론대회 전국 및 주요 학교 기출 논제

교내대회에서 출제되는 논제들의 경우에는 전국대회 논제에서 출제가 되는 경우가 많습니다. 그리고 자체적으로 학교에서 과학토론을 담당하는 선생님들이 출제를 하시기도 합니다. 지역구에서 출제되는 토론대회 논제들이 돌아가면서 비슷하게 출제되기도 합니다. 기출논제들부터 먼저 연습을 해 나가면서 최대한 많은 논제들로 토론개요서 작성 연습을 하는 것이 매우 도움이 많이 됩니다.

넷째. 기출 논제들의 토론개요서 예시

다른 사람이 쓴 토론 개요서와 내가 쓴 토론개요서를 잘 분석하고 장점과 단점, 비슷한 점과 다른 점을 잘 분석해서 마치 토론을 진행할 때 반론개요서를 쓰는 것처럼 분석하면 매우 도움이 됩니다. 이 때문에 다시 개요서를 쓸 때는 더 과학적인 내용 부분에 신경을 써서 쓰게 되므로 실력은 더 늘게 됩니다.

다섯째. 토론 개요서 작성 노하우

일반적인 토론개요서 작성 방법들을 잘 숙지를 하면서 작성하는 것이 도움이 됩니다.

여섯째. 과학토론대회 예상 논제

예상 논제들을 가지고 연습도 많이 하면 좋습니다. 또 시간이 부족할 때는 논제에서 문제해결방안 부분만 아이디어를 정리해서 작성해 나가도 도움이 됩니다.

Science debate contest

Part 2 청소년 과학페어(과학토론) 요강(서울시 요강 예시)

Ⅰ. 대회 개요

1. 목적

학생들의 과학적 상상력·탐구력을 함양하고, 선의의 경쟁을 통해 과학 탐구에 대한 동기를 부여함으로써 미래 과학기술인재 육성에 기여한다.

2. 주최: 서울특별시교육청

3. 주관: 서울특별시교육청과학전시관

4. 종목 및 참가부문

가. 종목: 과학토론

나. 참가부문: 중학부, 고교부 (전국대회에서는 초등부 포함)

다. 참가방법: 학생 2인 1팀 및 지도교사 1인으로 구성

라. 참가 방법

-학생 2명 1팀 및 지도교사 1인으로 구성 (학년 제한 없음)

-토론개요서: A4 3매 이내(hwp 파일, 참고 자료 출처 명기)

-발표 동영상: 개요서 내용을 바탕으로 토론 논제에 대한 학생의 주장과 근거를 발표하는 동영상을 촬영하여 제출 (학생 1명당 약 2분씩 총 4분 이내)

□ 발표 동영상 제작 기준

가. 시　간: 4분 이내로 제작(*반드시 시간 준수, 시간 내 내용만 심사에 반영함)

나. 파일 크기 및 형식: 500MB 이내, mp4, avi 형태로 제작

□ 발표 동영상 제작 주의사항

- 현장에서 토론 상황을 가정하여 주어진 논제에 대한 자신의 주장을 발표하는 형식으로 촬영해야 함(얼굴 노출○, PPT 슬라이드쇼 녹화 기능으로 프리젠테이션하는 것은 안됨)
- 클로즈업이나 화면전환 등의 촬영 기법 및 자막 금지(촬영 효과 등은 심사에서 반영하지 않음)
- 영상 화면과 소리에 학생의 인적 사항(성명, 학교명, 교복 등) 관련 자료가 노출되면 심사과정에서 불이익이 있음
- 발표자 외의 사람은 촬영되지 않도록 할 것

※ 지도교사 1명당 지도(추천)할 수 있는 학생수는 4인으로 제한함

-(서울특별시본선대회) 예선을 통과한 학생 대상 4명 1조, 대면 토론으로 운영

※토론 모둠은 대회 당일 현장 추첨에 의해 구성됨

※코로나19 감염증 확산 추세 및 관련 지침에 따라 온라인 토론으로 변경 운영할 수 있음

※(참고)본선 진출자는 비대면 온라인 토론으로 변경 운영 시 참가자를 기준으로 앞(상대), 뒤(전체) 양방향으로 동영상 촬영이 가능한 2대 이상의 디바이스(예: 노트북 + 스마트폰)를 구성 가능해야 함 ⇨ 본선에서 실시간 온라인 발표 및 토론 참여가 불가능할 경우 실격 처리됨

Ⅱ. 전국 대회 운영

1. 대회 운영 목적

가. 실생활 및 미래에 발생되는 문제 상황을 과학적으로 분석하여 창의적·논리적 해결방안을 모색하기 위해 다양한 정보를 수집·처리함으로써 정보처리역량을 신장시킨다.

나. 토의·토론 과정을 통해 문제요인 및 해결방안의 발전적 대안을 도출함으로써 과학적 의사소통 역량을 높인다.

다. 실생활 및 미래사회에 일어나는 현상에 대해 과학적으로 사고하고, 탐구함으로써 과학 분야에 대한 관심 및 기초 소양을 높인다.

2. 운영 방침

가. 서울특별시대회는 전국대회 예선대회로서 전국대회 규정을 준용하며, 중학부, 고교부 각 상위 1명 학생에게 전국대회 참가자격 부여

나. 지도교사는 참가학생과 같은 학교 소속의 교원을 위촉해야 함

다. 서울특별시교육청 정책사업경비(2019년)에 따라 단위학교 대회는 자율로 운영

라. 학교별 예선 대회 참가 학생 인원은 단위학교 상황 및 규정에 따라 자율 결정

※ 단, 예선대회 참가시 지도교사 1명당 지도(추천)할 수 있는 학생수는 4인으로 제한함

마. 토론 논제

-(예선 논제) 과학전시관 홈페이지 탑재 예정

-(본선 논제) 본선 대회 당일 현장 발표

바. 대회 운영상 사안이 발생할 경우 심사위원회 회의를 통해 운영 사항을 결정함

3. 서울특별시청소년과학페어 (예선) 참가 안내

가. 희망 학생 소속교에서 예선대회 [참가신청자 명단]과 각 학생별 [개요서], [발표 동영상] 제출

※ [참가신청자명단] ⇨ K-에듀파인 자료집계시스템

[개요서] ⇨ 과학전시관 홈페이지 [과학경진대회 온라인 접수] 업로드 제출

- 개요서는 제출용(인적사항 포함) 1부, 심사용(인적사항 삭제) 1부

[발표 동영상] ⇨ 개요서 파일 내 QR 코드와 영상 주소 링크하여 제출

※세부 제출 방법 예선 논제 탑재 시 추가 안내 예정

나. 본선대회 진출 인원 선발: 중학부 16명, 고교부 16명

4. 시상 계획

가. 대상: 서울특별시교육청 청소년페어(탐구토론) 본선대회

나. 종별: 교육감상

다. 종목 및 시상인원

등급	금상	은상	동상	장려상	소계
인원	중	1	3	4	16
	고	1	3	4	16
비고		전국대회참가			

※전국대회 참가 대상: 2명(중학부 1명, 고교부 1명) ⇨ 전국대회 확정 요강에 따라 변경될 수 있음

※우수 지도교원 교육감 표창 예정(추후 계획에 의해 안내 예정)

※추후 타 작품 모방, 규정 위반 등 결격사유가 발생하면 수상을 취소함

- 참가자 수준에 따라 수상 팀 수는 변동 가능함

Ⅲ. 대회 규칙 및 심사규정

1. 대회 규칙 — 본선 대회 운영 규칙은 본선대회 일정에 맞춰 안내 예정

2. 심사규정 — 가. 예선 대회 심사기준 및 배점

심사 영역	심사 기준	배점
토론개요서	정보수집·처리능력을 바탕으로 문제해결방안을 과학적 · 창의적인 관점을 모색하여 토론 자료를 작성하였는가?	10
과학적 문제해결력	논제에 나타난 문제의 원인 분석, 탐구 과정, 대안 제시가 과학적으로 이루어졌는가?	30
창의적 사고력	논제의 쟁점에 대한 과학적이고 합리적인 대안을 제시하는가?	20
논리적 발표력	논제의 해결을 위해 논리적으로 내용을 구성하고 타당한 주장과 근거를 들어 발표하는가?	30
토론 태도	올바른 발표 태도로 논제의 관점에 맞게 효과적으로 발표하는가?	10
총 점		100

① 총 점수는 100점 만점으로 한다.

② 동점일 경우 심사기준 항목에서 다음의 우선순위를 정한다.

과학적 문제해결력 > 논리적 발표력 > 창의적 사고력 > 토론개요서 > 발표 태도

③ 영역별 기준 및 배점

나. 감점 및 실격 사항

구분	세부내용	감점 및 실격여부	
발표 동영상	동영상 발표 시간(4분) 초과 시	15초 초과	-2점
		15초 이상 ~30초 초과	-4점
		30초 이상 ~45초 초과	-6점
		45초 이상 ~60초 초과	-8점
		60초 이상	실격
	동영상 용량(500MB)을 초과하는 경우	실격	
개요서	타 작품 모방 및 표절시	실격	
제출물	발표동영상과 개요서 모두 제출되지 않은 경우	실격	
기타	제출물의 내용이 확인이 되지 않는 경우 동영상이 실행되지 않는 경우 참가 인적사항이 노출되는 경우	실격	

Ⅳ. 참가자 협조사항

〈예선대회〉

가. 과열 방지와 공정한 진행을 위하여 참가학생과 관계자는 반드시 규정을 준수한다.

나. 지도교사는 참가학생의 개요서 작성 및 동영상 제작을 지도하고 대회 제출에 협조하여야 한다.

다. 대회규정을 위반할 때에는 감점 또는 실격처리 될 수 있으며, 시상 후에도 부정한 일이 발견되면 수상을 취소할 수 있다.

라. 기타 규정되지 않은 사항은 심사위원회의 결정에 따른다.

〈본선대회〉

가. 과열 방지와 공정한 진행을 위하여 참가학생과 관계자는 반드시 규정을 준수한다.

나. 참가자는 정해진 본선 대회시간을 지키고 심사위원 및 진행위원의 통제에 따르며, 최종 심사가 끝날 때까지 개별 행동을 할 수 없다.

다. 참가학생은 본선 대회당일 통신기기(예: 휴대전화, MP3 플레이어, PMP, 무전기 등) 일체를 지참할 수 없다.

라. 대회규정을 위반할 때에는 감점 또는 실격처리 될 수 있으며, 시상 후에도 부정한 일이 발견되면 수상을 취소할 수 있다.

마. 공정한 진행을 위하여 본선 대회 당일 모든 대회장에는 지도교사 및 학부모의 출입을 통제하며, 위반 시 감점 또는 실격될 수 있다.

바. 질의사항은 대회진행본부로 문의하시기 바라며, 지도교사 및 학부모가 심사위원이나 대회 진행위원, 참가학생과 접촉할 경우 부정행위로 간주된다.

사. 기타 규정되지 않은 사항은 심사위원회의 결정에 따른다.

Science debate contest

Part 3 과학토론대회 지도 방법 안내

1. 과학토론대회지도 방법안내

1) 지도 방법 : 토론개요서의 작성 지도

토론개요서는 토론논제에 대한 문제원인을 과학적으로 분석하고, 이를 해결할 수 있는 방안을 제시하되, 논제를 뒷받침할 수 있는 근거자료를 과학적 탐구방법을 통해 객관적으로 작성할 수 있도록 지도한다.

가독성을 고려하여 간단명료하게 개조식으로 작성하며, 필요에 따라 표, 그래프, 실험연구결과통계 등을 이용하여 객관성을 높여 창의적으로 기재하여 활용한다.

토론논제를 설정할 때 실생활 및 미래과학과 밀접한 문제 상황을 중심으로 다양한 과학적 기본 개념과 원리를 사전에 탐구하여, 현장에서 제시되는 어떤 토론논제든 접근에 어려움이 없도록 기본적인 과학적 소양을 갖춘다.

〈지도영역의 예시〉

고농도 미세먼지, 미래식량, 인공지능로봇, 신종바이러스, 배아줄기세포, 재생에너지, 노후 된 원자력발전소, 지진예보, 동물실험, 해양오염, 비만, 증강현실기술, 베리칩, 자율주행자동차, 사물인터넷, 메타버스, 블록체인, 미세플라스틱, 자연재해, ESG, NFT, 전기자동차, 베터리, 동물복제, 인간복제, 동물복지 등

주장을 작성할 때는 문제 상황의 핵심적 요인과 해결방안을 드러낼 수 있는 문장을 짧고 명료하게 하나의 문장으로 진술한다. 문제원인은 다양한 측면을 과학적 근거를 바탕으로 명료하게 제시하고, 이를 뒷받침 할 수 있는 표, 통계자료, 관련 실험연구 등을 인용하여 객관성을 높인다.

〈문제원인 분석의 다양한 측면 설정 예시〉

[고농도 미세먼지의 원인]

원인1. 대외적 측면: 중국의 대기오염과 계절풍의 영향(한반도 PM2.5분포)

원인2. 대내적 측면: 국내 화력발전소 및 자동차 수의 증가(비산먼지배출현황)

원인 분석의 쟁점: 노후화된 경유차와 고등어구이 등의 생물성 연소, 미세먼지 2차 발생의 심각

문제해결방안은 과학적으로 접근하되 문제원인을 바탕으로 다양한 방안을 모색하여 구체적인 방안을 제

시한다. 또한 방안의 구체적 사례를 조사하거나 창의적 방안의 가능성을 발견할 수 있도록 관련 과학적 지식을 연결하여 융합적으로 사고하도록 지도한다.

<문제해결방안의 과학적 접근 예시>

[고농도 미세먼지의 해결방안]

해결방안 1. 외교적 방안: 주변국과의 환경 협력

- 중국 등 미세먼지 저감을 위한 국제공조
- 대기질 모니터링 공유도시 확대 및 측정망구축

해**결방안2. 기술적 방안: 국내배출원의 과학적 저감 및 예보경보체계 혁신**

-비도로오염원의 저감기술, 미세먼지와 이산화탄소 동시 저감기술

-미세먼지 측정 기술 및 장비 보강으로 정확한 측정과 예보

-미세먼지2차 발생원 추가 연구

- 전기차, 하이브리드차, 수소차, 천연가스버스, 수소버스보급

해결방안3. 정책적 방안: 초미세먼지 배출허용 기준 강화, 총량관리에 포함되지 않는 소규모 사업장 관리 강화, 화석연료발전소의 합리적 관리 방안, 차량부제를 포함한 차량 이용 제한 정책 등

예상 질문 및 응답 전략은 주장발표의 논리적 · 과학적 허점을 드러내기 위해 상대에게 물을 수 있는 질문을 미리 예상하고, 이를 어떻게 방어할 것인지 전략을 세워두는 것이다. 약점을 최소화하는 것도 중요하지만 드러난 약점을 어떻게 보완할 것인지에 대한 전략을 갖고 방어하는 것이 유리하며 질문의 논점을 회피하거나 모순되는 답변을 하지 않도록 철저히 준비해야 한다.

토론개요서는 상대에게 자신의 주장을 핵심적으로 전달할 수 있기 위한 것으로 문장으로 길게 서술하기보다 핵심 단어, 그림, 그래프 등 가독성과 효율적 전달을 고려하여 작성하는 연습이 필요하다. 특히, 글자의 크기가 너무 작지 않도록 제목, 중간타이틀, 내용 등의 글자 크기를 미리 생각하여 사용할 수 있도록 한다.

토론개요서를 주어진 시간 내에 발표하도록 충분히 연습한 후에 발표동영상을 촬영한다. 발표 논제를 뒷받침할 수 있는 사진, 기사, 통계자료가 토론개요서 내에 정선되고 구체적으로 진술될 수 있도록 사전 지도한다.

2) 토론개요서 작성의 기본 틀

토론 논제	
1.주장: ※문제 상황의 원인과 해결방안의 핵심을 짧고 명료한 문장으로 진술할 것 2. 문제 원인의 과학적인 분석 ※다양한 측면의 원인을 과학적 근거를 바탕으로 제시하고, 개조식으로 요점화할 것 ※표, 통계자료, 관련 실험연구결과 등을 인용할 경우 출처를 기재할 것 원인1. 원인2. 출처 : 통계청(2021년) 3.창의적 문제해결 ※논제에 대한 긍정적 측면과 부정적 측면 및 논의 과정에서 합당하다고 생각되는 문제해결 방안을 현실 적용성, 타당성, 과학성, 논리성의 다양한 측면을 고려하여 창의적으로 제시 하고, 개조식으로 요점화 할 것 ※표, 통계자료, 관련 실험연구결과 등을 인용할 경우 출처를 기재할 것 해결방안1. 해결방안2. 4. 결론 5. 참고문헌	

※최대 3쪽, 제한분량을 초과할 수 없으므로 핵심적인 내용을 요점화 하여 수기로 작성

4. 예상 질문 및 응답 전략(실전토론대회 실시 할 때 준비할 사항)

※정보 수집 단계에서부터 예상되는 질문과 응답을 사진, 기사, 통계 자료 등을 활용하여 충분히 사전 도출해 놓고, 질문과 응답하는 방법과 강조할 핵심 포인트를 사전에 수립한다.

Q1.

A1

3) 토론 단계별 지도

주장발표하기 (발표동영상)	인사, 발표자세, 눈맞춤 등의 기본적인 태도부터 갖추도록 한다. 가급적 보고 읽지 않고, 상대와 눈을 맞추며 발표할 수 있도록 한다. 논제에서 반드시 논의 되어야할 주요 개념, 주요 착안점 등에 초점화 하여 과학적 탐구 및 근거자료를 바탕으로 설득력 있게 발표한다. 상대방의 주장발표를 들을 때는 질의 · 응답 단계를 위해 메모하며 경청 하는 것이 무엇보다 중요하다. 상대방의 논리성의 모순이나 자신의 팀 에서 조사한 자료와 비교하며 허점을 찾을 수 있도록 비판적으로 사고하며 듣는 연습이 평소에 이뤄져야 한다.
질의응답하기	질의를 할 때는 상대의 발표 내용을 구체적으로 짚고, 질문의 핵심이 잘 전달 되도록 짧게 질문한다. 상대의 답변이 질문의 논점에서 벗어나는 경우 질문을 재초점화 하거나 다음 질문을 하여 시간을 효과적으로 이용하는 것이 중요하다. 질문만 하고 상대의 답변을 잘 듣지 않고, 준비된 다음 질문만 계속 이어가는 것은 좋은 토론 자세가 아니다. 상대의 답변을 경청하여 답변 속에서 2차 질문이 예리하게 도출된다면 토론의 긴장감을 더할 수 있고 좋은 평가를 받을 수 있다. 답변자는 질문을 잘 경청하여 논점에서 벗어난 답변을 하지 않도록 주의 하고, 질문이 명료하지 않을 경우 질문의 초점을 반격질문으로 명확히 한 후 자신의 생각을 답변한다. 답변은 주관적인 생각이 아닌 과학적이고 객관적인 자료를 바탕으로 말하고, 말꼬리 잡기 식의 토론이 되지 않도록 해야 한다.
주장다지기	사전에 준비된 원고만 읽는 것이 아닌 토론의 과정 중 발견된 자신의 약점을 파악 · 분석한 것을 드러내어 이를 보완하면서 자신의 주장을 보다 설득력 있게 발표한다.

2. 현장 지도 시 유의점

1) 평소 다양한 분야의 과학적 지식이 풍부하고, 논점파악을 통해 맥락 있는 글쓰기와 논리적 말하기에 소질이 있고, 상호작용이 원활할 수 있도록 친밀감을 형성되어 있는 학생들이 적합하다.

2) 자료에서 필요한 정보를 수집·정리할 때 그대로 가져와서 삽입하지 않고 논제를 뒷받침할 수 있는 사진, 기사, 통계자료를 출처를 명확히 하여 진술될 수 있도록 사전 지도한다.

3) 과학용어, 개념, 원리 등을 잘 파악하여 용어사용의 실수로 토론의 신뢰성이 저하 되지 않도록 관련 과학적 개념을 먼저 명확하게 한 후 접근하도록 하며 단계별 단위시간을 최대한 활용할 수 있도록 전략을 수립한다.

4) 토의 · 토론과정은 문제를 합리적으로 해결해 나가기 위해, 상대를 이해 · 존중하는 태도적 측면과 타당한 근거에 기반을 둔 대안제시에 포인트를 주어 지도할 필요가 있다.

5) 토론에 필요한 역량은 짧은 시간에 쉽게 길러지지 않으므로 지도교사는 교과교육 과정을 재구성하여 다양한 영역을 토론해 볼 수 있도록 평상시에 기회를 제공하는 것이 중요하며, 특히 학생들이 평소 과학적 현상이나 이슈에 호기심을 갖도록 하고, 교과 간 통합을 통해 융합적 사고를 기를 수 있도록 하는 것이 바람직하다.

Science debate contest

Part 4 과학토론대회 전국 및 주요 학교 기출 논제

1. 전국대회 기출 논제

2021년 제39회 서울특별시청소년과학탐구대회
고교부 과학토론 논제(예선)

문제 상황	신종코로나바이러스를 비롯해 중증호흡기 증후군 사스, 중동호흡기증후군 메르스 등 최근 감염병에서 다음과 같은 공통점을 찾아볼 수 있다. 첫째, 척추동물 숙주인 바이러스가 인간에게 옮겨진 인수 공통감염병이라는 점이다. 둘째, 유전정보가 리보핵산(RNA)으로 이루어진 RNA바이러드이다. 변이라 쉬운 RNA로 이루어져 있기 때문에 굉장히 불안정하고, 병원성이 심한 바이러스로 변할 수 있어 정확한 예측과 대응이 어렵다는 특징이 있다. 1973년 이후 새로 발생한 전염병의 75%가 동물로부터 전파되었으며, 1997년 조류독감, 2002년 사스, 2009년 신종 플루(H1N1),2015년 메르스, 2019년 코로나-19에 이르기까지 최근 인수공통감염병의 규모와 빈도가 빨라지고 있다. 신종 감염병의 빠른 유입과 확산은 백신과 치료제 등의 대응체계가 마련될 때 까지 위험성이 지속되어 증가, 반복되는 상황이다. 인수공통감염병은 인간과 동물, 그리고 호나경이 모두 연계되어 있는 질환으로 이를 관리하기 위해서는 다각적인 접근이 필요하다는 인식을 바탕으로 '원 헬스(ONE HEALTH)'라는 개념으로 다차원적인 협력 전략을 의미한다. 병이 발생한 이후에 사후적 • 수비적으로 대응하는 것이 아니라 능동적 • 선제적으로 대응하자는 것이다. 즉, 질병 발생 후 백신 및 치료제 개발에 그치지 않고, 공동의 생태계를 건강하게 해야 한다는 능동적 대응 전략을 목표로 한다.
토론 논제	최근 인수공통감염병이 계속 반복되고 증가하는 문제의 원인을 분석하고, 탐구하여 '원 헬스(ONE HEALTH)'의 관점에서 인수공통감염병을 예방하고 감소시킬 수 있는 과학적이고 합리적인 실천방안을 창의적으로 제시하시오.

2021년 제39회 서울특별시청소년과학탐구대회
중학부 과학토론 논제(예선)

문제 상황	인류는 환경과 상호작용하며, 지금의 삶을 누려왔다. 환경은 우리를 둘러싸고 있는 모든 것으로 정의되며, 자연환경과 인공환경을 포함한다. 산업혁명 이전에는 자연환경과 상호작용하며 조화를 이루는 '생태 중심적 사고'가 지배적이었다. 하지만 산업혁명을 거치면서 자연환경을 인간이 생존하기 위한 도구라고 생각하는 '인간 중심적 사고'가 주를 이루게 된다. 현대 산업의 발달은 심각한 환경문제를 야기했고, 이런 영향은 부메랑이 되어 인류의 생존을 위협하고 있다. 인류는 생존하기 위해 미래 세대의 필요를 훼손하지 않는 범위에서 현재 세대의 필요를 충족시키는 발전인 '지속가능한 발전'을 실천하고자 한다. 1987년 세계 환경개발위원회 '브룬트란트 보고서'에서 처음 등장한 '지속 가능한 발전'은 UN이 정한 17가지 목표로 (빈곤퇴치, 양성평등, 책임있는 생산과 소비 등)이어지고 있으며, 더 나아가 기업의 비재무적 요소인 환경(Environment), 사회(Social), 지배구조(Governance)등 일컫는 'ESG'가 기업의 생존을 위해 필수가 되고 있다.
토론 논제	현재 대두되는 환경문제 중 본인이 가장 심각하다고 생각하는 것을 하나 뽑아 조사해보자. 그리고 자신이 이 문제와 관련 있는 물건을 판매하는 기업의 담당자가 되어 환경/사회적 문제, 과학/기술을 이용한 해결 방안, 정책 및 문화 활동 전략을 분석하고 ESG적 요소를 반영하여 새로운 대체품을 만들어 클라우드 펀딩을 받는다고 가정할 때 홍보 전략을 제시하시오.

2020년 온라인 청소년과학탐구대회
과학토론 문제지 (초등)

문제 상황	환경부와 기상청에서 발표한 '한국 기후변화 평가보고서 2020'에서는 최근 막대한 인명·재산 피해를 일으키는 각종 이상 기상·기후 현상들이 미래에는 더 자주, 더 강하게 나타날 것으로 예측했다.(2020-07-29, 한겨레) ■ 지구 온난화의 원인에 대한 과학자들의 주장은 다음과 같다. 첫째, 인간의 산업 활동으로 인한 막대한 이산화탄소 배출로 지구 온난화 현상이 일어난다고 주장하는 과학자들이 있고, 둘째, 인간의 산업활동은 대기의 먼지 증가로 태양열 유입이 방해를 받아 지구의 온도가 낮아진다고 주장하는 과학자들도 있다. 셋째, 요즘의 기후는 간빙기에 있기 때문에 지구의 연평균 온도상승이 자연적인 현상임을 주장하는 과학자들도 있다. 이와 같이 자연현상은 어떤 의견을 지지하는지에 따라 기후에 대한 환경 정책을 결정하거나 지구의 미래를 위해 노력하는 방향이 달라지게 된다.
토론 논제	현재 대두되는 환경문제 중 본인이 가장 심각하다고 생각하는 것을 하나 뽑아 조사해보자. 그리고 자신이 이 문제와 관련 있는 물건을 판매하는 기업의 담당자가 되어 환경/사회적 문제, 과학/기술을 이용한 해결 방안, 정책 및 문화 활동 전략을 분석하고 ESG적 요소를 반영하여 새로운 대체품을 만들어 클라우드 펀딩을 받는다고 가정할 때 홍보 전략을 제시하시오.

2020년 온라인 청소년과학탐구대회 과학토론 문제지 (중학)

문제 상황	환경부와 기상청에서 발표한 '한국 기후변화 평가보고서 2020'에서는 최근 막대한 인명·재산 피해를 일으키는 각종 이상 기상·기후 현상들이 미래에는 더 자주, 더 강하게 나타날 것으로 예측했다.(2020-07-29, 한겨레) 인간의 산업 활동은 막대한 이산화탄소 배출로 지구 온난화 현상이 일어난다고 주장하는 과학자들이 있으며, 인간의 산업활동은 대기의 먼지 증가로 태양열 유입이 방해를 받아 지구의 온도가 낮아진다고 주장하는 과학자들도 있다. 또한 요즘의 기후는 간빙기에 있기 때문에 지구의 연평균 온도상승이 자연적인 현상임을 주장하는 과학자들도 있다. 이와 같이 자연현상은 어떤 의견을 지지하는지에 따라 기후에 대한 환경 정책을 결정하거나 지구의 미래를 위해 노력하는 방향이 달라지게 된다.
토론 논제	[1] ①기후변화에 영향을 주는 원인, ②지구 온난화의 이유, ③지구 온난화로 인한 피해를 정리해 봅시다. 이를 통해 미래에는 지구 온난화가 우리 생활과 환경에 어떤 영향을 미칠지 예측해봅시다. ※ 각자 도서, 논문, 온라인 검색 등을 통해 자료를 준비하되 반드시 과학적 근거를 제시해야 함. [2] 지구 온난화를 막기 위해 개인, 사회, 국가 및 범세계적으로 할 수 있는 것에 대해 제안해 봅시다. ※ 정치, 과학, 문화 등 모든 영역에 대한 제안은 가능하나 반드시 과학적 이유와 근거를 제시해야 함.

2020년 온라인 청소년과학탐구대회 과학토론 문제지 (고교)

문제 상황	환경부와 기상청에서 발표한 '한국 기후변화 평가보고서 2020'에서는 최근 막대한 인명·재산 피해를 일으키는 각종 이상 기상·기후 현상들이 미래에는 더 자주, 더 강하게 나타날 것으로 예측했다.(2020-07-29, 한겨레) 인간의 산업 활동은 막대한 이산화탄소 배출로 지구 온난화 현상이 일어난다고 주장하는 과학자들이 있으며, 인간의 산업 활동은 대기의 먼지 증가로 태양열 유입이 방해를 받아 지구의 온도가 낮아진다고 주장하는 과학자들도 있다. 또한 요즘의 기후는 간빙기에 있기 때문에 지구의 연평균 온도상승이 자연적인 현상임을 주장하는 과학자들도 있다. 이와 같이 자연현상은 어떤 의견을 지지하는지에 따라 기후에 대한 환경 정책을 결정하거나 지구의 미래를 위해 노력하는 방향이 달라지게 된다.
토론 논제	[1] ①기후변화에 영향을 주는 원인, ②지구 온난화의 이유, ③지구 온난화로 인한 피해를 정리해 봅시다. 이를 통해 미래에는 지구 온난화가 우리 생활과 환경에 어떤 영향을 미칠지 예측해봅시다.※ 각자 도서, 논문, 온라인 검색 등을 통해 자료를 준비하되 반드시 과학적 근거를 제시해야 함. [2] 지구 온난화를 막기 위해 개인, 사회, 국가 및 범세계적으로 할 수 있는 것에 대해 제안해 봅시다. ※ 정치, 과학, 문화 등 모든 영역에 대한 제안은 가능하나 반드시 과학적 이유와 근거를 제시해야 함.

2019년 전국청소년과학탐구대회 과학토론 문제지[초등부]

문제 상황	얼마 전 '4대강 녹조 제거 방법'을 제안한 8살 아이의 이야기가 화제가 되었다. 이 아이가 제안한 녹조의 제거 방법으로 1단계는 입자의 크기를 이용한 자연 정수기를 구안하고 2단계는 과산화 수소수를 이용한 정화 방법이었다. 녹조(錄潮는) 부영양화 된 호수나 유속이 느린 하천이나 정체된 바다에서 부유성의 조류인 식물성 플랑크톤인 녹조류나 남조류가 대량 증식하여 물색을 현저하게 녹색으로 변화시키는 현상이다. 녹조류의 '녹(錄)'은 녹색을 의미하며, '조류(藻類)'는 물속에 살면서 동화색소(광합성을 하는 생물에서 햇빛을 흡수하는 여러 가지 색소)를 가지고 독립 영양 생활을 하는 하등 식물을 의미한다. 즉 녹조류는 색소체가 다량의 엽록속를 가지고 있어서 녹색을 띠는 조류를 말한다. 청각이나 파래, 섯갓말 등이 녹조류에 속한다. 이렇게 녹조가 심해지면 수중생물이 죽고 악취가 나며, 그 수역의 생태계가 파괴되어 사회적, 경제적, 환경적 측면에서 많은 문제가 생긴다. 이러한 녹조는 일반적으로 질소(N) 및 인(P)과 같은 플랑크톤의 번식에 양분이 될 물질들이 많이 쌓여 부영양화가 일어나서 폭염이나 가을철 가뭄이 심할 때와 수온이 20℃이상으로 올라 더 빠른 속도로 진행된다. 특히, 물이 잘 흐르지 않거나 메말라가는 하천에 녹조가 덮이면 수중으로 햇빛이 차단되고 용존 산소가 추가로 유입되지 않으면서 물의 용존산소량이 줄어들게 된다. 이와 같이 녹조의 주요 발생 원인은 참고 자료에 제시한 것과 같이 ① 영양 염류의 유입(질소 및 인)으로 인한 부영양화 ② 물이 흐르는 속도 ③ 20℃ 이상의 수온 상승을 들고 있습니다. 이들 중 한 가지 요인만 제거해도 녹조의 번식을 현저히 억제하게 될 것이다. 다음의 논제에 대해 토론 개요서를 작성하여 토론하여 봅시다.
토론 논제	[1] 위에서 제시한 녹조 발생의 세 가지 원인 중에서, 녹조 발생을 효과적으로 줄일 수 있는 한 가지 요인을 선택하고, 그 이유를 충분히 설명하시오. [2] 위의 [1]논제에서 선택한 요인에 맞게 녹조 발생을 효과적으로 줄일 수 있도록 참고자료2와 같은 창의적인 실험방법을 탐구과정에 맞게 설계하여, 그 설계가 과학적이고 타당한지에 대해 토론하여 봅시다. (단, 단순사고과정이나 인식 개선과 같은 추상적인 방법은 부적합 합니다.

2019 전국청소년과학탐구대회 과학토론 문제지[중학부]

문제 상황	조류는 수생태계를 유지하는데 필수적인 역할을 하는 자연의 구성원이다. 하지만, 과다하게 증식되면 수생태계에 나쁜 영향을 미친다. 주로 여름과 가을에 많이 나타나는 남조류는 물속에서 녹색 빛을 띠고 있으며, 기온상승 등으로 환경여건에 따라 발생, 소멸 현상을 반복한다. 녹조가 발생하면 수중으로 햇빛이 차단되고 물에 녹아있는 산소의 양이 줄어들게 된다. 이렇게 되면 물고기 등 수중생물이 죽고 악취가 나며, 그 수역의 생태계가 파괴되어 사회적, 경제적, 환경적 측면에서 많은 문제가 생긴다. 특히, 가장 심각한 문제는 남조류가 생산하는 독소다. 남조류의 일종인 마이크로시스티스(Microcystis)는 마이크로시스틴(Microcystin)이라는 간질환을 일으키는 독성물질을 함유하고 있어, 인체에 치명적 위협을 줄 뿐아니라 가축이나 야생동물의 폐사 원인이 되기도 한다. 이와 같이 많은 문제를 유발시키고 있는 녹조의 주요 발생 원인은 ① 영양 염류의 유입(질소 및 인)으로 인한 부영양화 ② 물이 흐르는 속도 ③ 20℃ 이상의 수온 상승을 들고 있다. 이 들 중 한 가지 원인만 제거해도 녹조의 번식을 현저히 억제하게 될 것이다.
토론 논제	[1]녹조의 발생원인에 따른 녹조 발생을 효과적으로 줄이기 위한 실험을 설계하고 실험 결과를 예측하도록 합니다. 단, 사람들의 인식 개선 등과 같이 추상적 방법이 아닌 녹조를 줄이기에 과학적이고 효과적으로 설계되었는지 토론하여 봅시다.(자료2 참조) ※ 아래는 과학실험에 사용되는 일반적인 과학적 탐구 과정이다. 이를 각팀의 특성에 맞도록 수정하여 활용하세요. ※단, 탐구 설계(실험 설계) 및 결론 도출(실험결과 예측)은 반드시 포함되어야 합니다. (문제인식)-〉(가설설정)-〉(탐구 설계 및 수행)-〉(자료해석)-〉(결론도출)-〉(일반화) [2] 현재 이슈화 되고 있는 녹조 문제를 해결하기 위한 방법 중 하나로 녹조를 이용하여 부가가치를 높일 수 있는 창의적인 아이디어에 대해 과학적 근거가 잘 드러나도록 제시하고 토론하여 봅시다.(자료3 참조)

2019 전국청소년과학탐구대회 과학토론 문제지[고교부]

문제 상황	녹조는 매해 여름철에 뉴스에서 언급되는 토픽으로 우리가 활용할 수생환경에 매우 큰 영향을 미치고 있다. 녹조현상은 남조류가 과다증식하여 수표면에 밀집되는 현상이다. 주로 여름과 가을에 많이 나타나며 기온상승 등 환경여건에 따라 발생,소멸 현상을 반복한다. 수표면에 녹조가 발생하면 수중으로 들어가는 햇빛이 차단되고, 산소가 추가로 유입되지 않으면서 물의 용존산소량이 줄어든다. 녹조현상은 물고기를 비롯한 수중생물들을 죽이고, 그로 인해 악취가 나며, 그 수역의 생태계가 파괴되어 사회적, 경제적, 환경적 측면에서 많은 문제를 발생시킨다. 일부 남조류는 마이크로시스티스(Microcystis), 마이크로시스틴(Microcystin)이라는 간질환을 일으키는 독성물질을 함유하고 있다. 이는 인체에 위협을 줄 뿐만 아니라 가축이나, 야생동물 폐사의 원인이 되기도 한다. 이에 2018년 8월~2019년 8월까지의 금강유역(대청호, 용담호)의 수질 측정 데이터로 환경요인과 녹조발생과의 관계를 분석하여, 효과적으로 녹조를 저감시키는 방법에 대한 홍보자료를 제작해 보자.
토론 논제	[1] 2018년 8월~2019년 8월 금강유역 수질 측정 데이터[자료1]에서 5개의 변인을 선정하고, 이를 표와 그래프로 정리하여, 변인들 사이의 관계를 이용하여 3개의 결과로 정리하시오. [2] [자료2]는 환경부에서 배부된 녹조관련 리플렛이다. [논제1]의 결과와 [자료3]을 활용하여 [자료2]에 들어갈 녹조를 저감시키는 효과적인 방법을 제안하시오.

2018전국청소년과학탐구대회 과학토론 토론논제(초등)

문제 상황	적조(赤潮)는 말 그대로 붉은 바닷물의 흐름이라는 뜻으로, 플랑크톤이 빠르게 번식하여 바닷물 색깔이 붉게 변하는 현상을 말한다. 영어로는 레드 타이드(red tide)라고 하며, 그 의미는 한자의 경우와 똑같이 붉은 바닷물의 흐름이다. 전문가 들은 '해로운 조류 대발생(Harmful Algal Blooms)'이라는 의미로 첫 글자를 따서 HABs라고 말하기도 한다. 적조는 바닷물에 영양염류가 과다할 때 미생물이 이상번식해서 나타나는 자연 현상으로 삼면이 바다로 둘러싸인 우리 나라 뿐만 아니라, 전 세계 연안에서 종종 볼 수 있다. 일단 적조가 광범위하게 발생하면 푸른색 바닷물이 붉게 보여 미관상 좋지 않고, 수산업과 양식업에도 큰 피해를 입히기 때문에 여간 골치가 아픈 것이 아니다. 국립수산과학원은 '적조는 고수온과 남풍의 영향으로 어느 해보다 일찍 발생해 빠른 속도로 확산하고 있다'며 '방제작업을 꾸준히 하고 연안 양식장에서는 대응 매뉴얼에 따라 피해를 최소화할 수 있도록 철저히 대비해야 한다'고 당부했다. 이처럼 적조 현상은 자연적으로 발생하는 것이라 원천적으로 인간의 힘으로 막을 방도는 없지만 그저 피해를 줄이도록 노력하는 게 최선이다. 적조의 피해를 줄이기 위해 참고 자료에 제시한 것과 같이 적조의 피해를 줄이기 위한 방안으로, ① 천적이나 이이제이의 방법을 이용한 생물학적 방안, ② 현재 가장 대중화 된 황토 등을 이용한 물리 화학적 방안, ③ 위성, 초음파, 드론 등을 이용한 사전 예측 방안 등의 연구가 진행되고 있다. 하지만 이 세 가지 방안은 모두 여러 측면에서 불완전하다.
토론 논제	[1]적조의 피해를 줄이기 위한 세 가지 방안을 면밀하게 분석하여 우리나라의 자 연환경, 적조 피해 정도, 적조 발생 원인 등과 관련 지어 각 방안에 대한 장단점을 토론해 봅시다. [2] 세 가지 방안 중 하나를 선택한 후, 이를 보완하여 대안을 제시하여 봅시다. 단, 캠페인과 같은 사람들의 인식 개선을 요구하는 추상적인 해결 방안은 지양하고 과학적이며 창의적인 방안을 제시합니다.

2018전국청소년과학탐구대회 과학토론 토론논제(중등)

문제 상황	우리나라는 좁은 국토에 비해 인구가 많아 물 부족 국가로 분류된다. 한국은 연 간 강수량이 세계 평균보다 많지만, 국토의 70% 정도가 급경사의 산지로 이루어 져 있고, 강수량의 대부분이 여름철에 집중적으로 내림으로써 많은 양이 바다로 흘러가는 한편, 높은 인구밀도로 인해 1인당 강수량은 세계 평균의 12%에 지나지 않는 것으로 나타났다. 유엔 경제사회이사회의 보고에 따르면 한국은 하천 취수율 을 따질 때 물 부족으로 고충을 겪는 물 스트레스 중~고(20~40%) 그룹에 속한다. 또한 하천에 의존해 많은 물을 사용하기 때문에 자연재해에 따른 물 부족 위험 이 커질 수밖에 없는 처지다. 생활, 공업, 농업용수의 공급을 위한 하천수 취수율 은 36%로 가뭄이 심해지면 곧바로 물이용에 큰 차질을 빚게 되고 수질도 관리 하지 못하게 된다. 우리나라는 물이 상대적으로 부족한 데다 기후와 지형도 물을 관리하기에는 다른 국가들보다 불리하다. 이처럼 이용할 수 있는 물은 한정적인데 도시화 및 산업화와 경제성장으로 물소 비량은 더욱 증가하는 추세로 물 부족 문제는 더욱 심각해지고 있는 현실이다. 제19호 태풍 '솔릭'의 영향으로 메마른 대지를 적시는 단비가 내렸지만 서해안 권 가뭄 해갈엔 역부족이었다. 중앙재난안전상황실은 24일 강수량이 영동·경북북부 100~200㎜, 중부·경북남부 30~80㎜, 그 외 지역 5~40㎜로 파악됐다고 밝혔다. 완전한 가뭄 해갈을 위해서는 100㎜ 이상의 많은 비가 내려야 하지만 태풍의 경로가 남쪽으로 이동하면서 강수량이 적었고 가뭄은 여전한 상황이다. 한국농어촌공사의 농어촌 알리미를 보면, 이날 오후 1시 기준 전국 농업용 저수 지의 평균 저수율은 50.1%다. (경향신문/8월25일)
토론 논제	우리나라는 물 부족 국가이나 현재는 여름철에 집중된 강수를 대형 댐을 만들고 가두어 1년 내내 사용하기 때문에 크게 느끼지 못했다. 그러나 금년 같은 폭염 과 가뭄 등 자연재해로 인한 농업용수 부족 현상은 매년 반복되어 나타나고 있 으며 지역에 따라 생활용수 부족도 발생하고 있다. 이러한 물 부족 문제를 해결 하기 위해 물 절약, 중수, 우수, 지하수 처리와 활용 등 다양한 연구와 정책이 진행 되고 있으나 현재 물 부족 문제를 완전하게 해결하기 위해서는 미흡하여 새롭고 다 양한 연구와 정책의 시도가 시급히 요구되는 실정이다. 이러한 물 부족 문제를 물의 순환과 재이용에 의한 물 보존 관점에서 다음 제 시하는 조건을 충족하며 내가 사는 지역에 적용 가능한 과학적이고 창의적인 해결방안을 제시 하시오. • 고효율 저비용이며 영구적으로 사용가능. • 주변 환경에 순기능 효과와 2차 환경파괴 및 새로운 오염 발생금지. • 자원과 에너지 사용 최소 및 재활용 기능.

2018전국청소년과학탐구대회 과학토론 토론논제(고등)

문제 상황	☞ 깨끗한 식수, 안전한 양식 위해 정부 및 학계 총력 여름마다 발생하는 녹조와 적조는 국민생활을 위협하는 대표적 문제다. 특히 최근 발생했던 폭염은 녹조 및 적조의 확산 가능성을 높이고 있 다. 이를 해결하기 위해 정부와 학계가 총력을 기울이고 있다. 최근 과학기술정보통신부 및 학계 관계자들은 녹조, 적조 문제에 대응 할 수 있는 기술들의 실증 현장을 방문해 연구개발 현황을 점검했다. 이 들은 또 간담회를 통해 과학적 해결방안을 모색하는 자리도 마련했다
토론 논제	[1] 우리나라에서 녹조와 적조가 나타나는 원인과 우리 생활에 미치는 영 향을 과학적으로 분석하시오. [2] 녹조와 적조로 인한 피해를 줄일 수 있는 창의적인 해결방안을 제시 하시오. (단, 현재 실시되는 녹·적조 방지 대책의 개선점 포함 가능)

2017년 전국 청소년 과학 탐구 대회 과학토론문제지 (고등)

문제 상황	과학은 관측이나 실험을 통해 가설을 검증하는 방식으로 발전한다는 것이 표준적인 과학적 방법론의 핵심이다. 관측이나 실험의 결과가 가설의 예측과 일치하지 않으면, 그 가설을 폐기한 후 새로운 가설을 궁리해 보고, 일치하면 잠정적으로 그 가설을 받아들이는 방식이 다. 첫 경우를 가설의 반증(falsification)이라 하고, 둘째 경우를 가설의 입증(confirmation)이라 한다. 하지만 실제 과학 연구 과정에서는 관측이나 실험과 일치하지 않는 가설을 무조건 반증하 기보다는 그 불일치를 해소할 수 있는 새로운 가정('보조 가설')을 추가하여 관측이나 실 험 결과를 설명하는 것이 더 생산적인 경우도 많다. 예를 들어 19세기 중반 프랑스 천문학 자 르베리에는 천왕성의 실제 궤도와 뉴턴 역학의 궤도 예측이 잘 들어맞지 않는 상황에서 뉴턴 역학을 반증하지 않고 대신 천왕성 바깥에서 천왕성을 끌어당기는 새로운 행성이 있다 는 새로운 가정을 제안하여 이 불일치를 제거했다. 이 새로운 행성이 바로 해왕성이다. 이 처럼 천왕성의 궤도를 설명하는 과정에서 르베리에는 반증을 피하는 보조 가설을 동원하여 과학지식을 성공적으로 성장시켰다. 하지만 가설 반증의 상황에서 보조 가설을 동원하는 것이 항상 성공을 보장해 주는 것은 아니다. 수성의 근일점(공전 주기 동안 수성이 태양에 가장 가까이 가는 점)이 해마다 바뀌 는 현상은 뉴턴 역학의 예측과 어긋나는 대표적 사례였다. 르베리에는 불카누스(영어로는 '벌컨')이라는 새로운 행성이 수성 안쪽에 있다고 가정하여 이 현상을 뉴턴 역학을 반증 하지 않고 설명하였다. 하지만 현재 우리는 수성 안쪽에 또 다른 행성은 없다고 알고 있다. 르베리에가 해왕성을 가정한 것이나 불카누스를 가정한 것 모두 동일한 과학적 방법이었지 만 결과는 달랐던 것이다.
토론 논제	다음 내용에 대해 토론해 보자. 자신이 과학자라면 과학 연구 현장에서 탐구 중인 가설과 관측(혹은 실험) 결과가 일치하지 않을 때 어떤 선택을 하겠는가? 가설을 반증하고 폐기할 것인가 아니면 추가적인 보조 가설을 제안하여 가설을 유지할 것인가? 성공할 보조 가설과 실패할 보조 가설을 미리 판단할 방법이 있을까? 과학 연구 과정에서 표준적 과학적 방법을 따를 때의 장점과 단점 그리고 그 단점을 보완할 수 있는 개인 연구자의 창의적 태도는 무엇일까? 다음 내용에 대해 구체적 사례를 들어 토론해 보자.

2017년 전국 청소년 과학 탐구 대회 과학토론문제지 (중등)

인간의 산업 활동의 결과로 배출된 막대한 이산화탄소 때문에 지구 온난화 현상이 일어난다고 주장하는 과학자들이 있다.

반면 대기의 먼지 증가로 태양열 유입이 방해를 받아 지구의 온도가 낮아진 다거나, 지금 우리가 빙하기 사이의 간빙기에 있기 때문에 지구의 온도가 올 라간다고 보는, 지구의 온도변화가 자연적인 현상임을 주장하는 과학자들이 있다.

어떤 과학자들의 의견이 더 맞다고 생각하느냐에 따라 정책을 결정하거나 사람들이 미래를 위해 노력하는 방향이 달라집니다.

과학자들 사이의 이러한 의견 불일치에 대해 깊이 고민해 본 후, 제공된 자료에 근거하여 여러분은 어떤 입장이 더 맞다고 생각하는지 정한 후 그것을 옹호해 보라.

2017년 전국 청소년 과학 탐구 대회 과학토론문제지 (초등)

다음은 측정과 관련한 실험에서 관찰되는 상황입니다.
각 상황에 대한 이해를 바탕으로 주어진 논제에 대해 토론개요서를 작성한 후 토론을 해주시기 바랍니다.

〈상황 1〉 물의 끓는 온도를 측정할 때 100℃ 주변에서 눈금이 수시로 변하여 정확한 값을 측정하기 어렵습니다.

〈상황 2〉 양팔 저울로 질량을 측정할 때 접시에 물체와 분동을 올려놓으면 눈금이 끊임없이 움직여 정확한 값을 측정하기 어렵습니다.

이렇듯 현재의 측정도구로 온도나 질량을 측정할 때 정확한 결과를 얻기 어렵습니다. 그렇다면 우리는 어느 순간 그 온도, 혹은 그 질량을 측정했다고 설명할 수 있을까요?

(논제 1)

인류는 측정도구를 정교히 하려고 노력하고 있습니다. 이를 통해 정확한 측정값을 얻는 일이 가능한 지 여러분의 생각을 정리하고, 토론해 봅시다.

(논제 2)

측정값을 결정할 때 여러분의 주관적인 판단이 포함되는 것에 대해 어떻게 생각하는지 토론해 봅시다.

2016년 전국 청소년 과학 탐구 대회 과학토론문제

부문	주제
초등	(식품원료) 해외에서는 식량문제에 대한 대안으로 곤충 원료 식품에 많은 관심을 기울이고 있다. 우리나라의 경우 곤충 원료 식품에 이제 조금씩 발을 내딛는 상황이다. 곤충 원료 식품 관련 국내·외 활용현황, 장점 등을 조사하고, 곤충 원료 식품으로 가장 적합한 곤충을 찾아 활용 방법을 제안하시오.
중학	(에너지) 현대인은 화석연료, 전기 등을 생활에 필요한 에너지로 이용하고 있다. 산업혁명 이전 사람들은 주변의 자연환경을 활용하여 생활에너지(냉·난방, 동력 등)를 어떻게 얻었는지 조사하고, 환경 문제 개선에 도움이 될 수 있는 방안을 제시하시오.
고교	(자원 재활용) 일반폐기물, 산업폐기물로부터 유용한 자원을 회수하는 것을 도시광산이라 하며, 폐냉장고나 폐PC 등과 같은 것을 도시광석이라고 한다. 다양한 도시광석 중에서 한 제품을 골라 재활용 현황과 문제점을 조사하고, 그 문제점을 개선할 수 있는 과학적 방안을 제시하시오

2015년 전국 청소년 과학 탐구 대회 과학토론문제

부문	주제
초등부	(놀이기구의 과학) 놀이터에서 놀다보면 재미도 있고, 간혹 위험한 상황에 놓이기도 한다. 놀이터의 놀이기구에 숨어 있는 과학적 원리와 안정성을 조사하고, 학교놀이터에 설치할 수 있는 재미있고 안전한 놀이기구를 제안하시오. (장애인을 위한 과학) 우리생활 주변에는 장애인을 위한 공공편의시설이 있다. 장애인을 위한 공공편의 시설에 숨어있는 과학적 원리를 조사하고, 이를 발전 개선시킬 수 있는 방안을 탐구하시오.
중학부	(장애인을 위한 과학) 우리생활 주변에는 장애인을 위한 공공편의시설이 있다. 장애인을 위한 공공편의 시설에 숨어있는 과학적 원리를 조사하고, 이를 발전 개선시킬 수 있는 방안을 탐구하시오.
고교부	(빛의 활용) UN은 광학연구 시작 1000년을 기념하여 2015년을 '세계 빛의 해'로 지정했다. 빛은 과학과 기술, 문화 그리고 산업을 통해 인간에게 풍요로운 삶을 제공하고 있다. 빛이 현대사회에 활용되는 사례를 조사하고, 이를 발전 개선시킬 수 있는 방안을 탐구하시오.

2014년 전국 청소년 과학 탐구 대회 과학토론문제

부문	분야	주제
초등	미세먼지	최근 중국발 미세먼지가 한반도에 자주 유입되어 한국인의 건강에 악영향을 미치지 않을까 우려되고 있다. 이러한 미세먼지가 발생하는 이유와 인체에 미치는 영향을 조사하고, 그 피해를 줄일 수 있는 방안을 과학적으로 탐구하시오.
중학	층간소음	동주택의 층간 소음은 예전부터 문제되어 왔고, 최근 환경부에서는 층간 소음 분쟁을 조정을 위한 소음 기준을 마련하기도 하였다. 하지만 이러한 행정적 통제 이외에 공동주택의 층간 소음을 슬기롭게 해결할 수 있는 방안을 과학적으로 탐구하시오.
고교	정부3.0 활용하기	정부 3.0의 3대 전략 중 "투명한 정부" 전략에 따라 공공 부문에서 보유한 공공데이터를 개방하고 있고, 이에 따라 편리하고 유익한 많은 서비스가 제공되고 있다. 성공적인 공공데이터 활용 사례를 조사하고, 우리의 실생활에 직접적인 도움을 줄 수 있는 새로운 공공데이터 활용 서비스를 탐구하시오.

2013년 전국 청소년 과학 탐구 대회 과학토론문제

부문	분야	주제
초등	생태	세계 오지를 누비며 원시 상태의 대자연 속에서 마실 물과 먹을 음식을 직접 구하고, 더위와 독충들을 피해 잠잘 곳도 스스로 마련하여 살아가는 TV 리얼리티 프로그램이 사람들의 마음을 사로잡고 있다. 바다 한가운데에 있는 무인도에서 표류했을 경우 생존을 위해 필수적인 요소(의, 식, 주 등) 중 하나를 선정하여 해결할 수 있는 방안을 과학적으로 탐구하시오.
중학	환경	염화칼슘은 제설제로 효과는 높으나 시설물 부식, 토양 및 하천을 오염시키는 등 피해가 많아 대체 제설제 개발이 필요하다. 미국에서는 설탕을 추출하고 남은 사탕무 시럽 등을 이용하여 제설제로 활용하고 있다. 이와 같이 우리나라에 맞는 친환경적인 제설방안을 과학적으로 탐구하시오.
고교	적정 기술	염화칼슘은 제설제로 효과는 높으나 시설물 부식, 토양 및 하천을 오염시키는 등 피해가 많아 대체 제설제 개발이 필요하다. 미국에서는 설탕을 추출하고 남은 사탕무 시럽 등을 이용하여 제설제로 활용하고 있다. 이와 같이 우리나라에 맞는 친환경적인 제설방안을 과학적으로 탐구하시오.

2012년 전국 청소년 과학 탐구 대회 과학토론문제

부문	분야	주 제
초등	전통 과학	우리 조상들의 뛰어난 과학적 업적은 오늘날 현대과학 속에서도 빛나고 있다. 전통과학 속 과학 원리를 현대에 적용한 사례를 조사하고 이를 활용할 수 있는 방안을 과학적으로 탐구하시오
중학	기술 과 사회	스마트 폰은 우리에게 많은 정보와 편리함을 제공하는 반면 문제점 또한 발생시킨다.스마트 폰의 사용으로 인해 생긴 다양한 문제점을 주변에서 찾아보고, 이를 해결할 수 있는 방안을 과학적으로 탐구하시오
고교	생체 모방	살아 있는 생물체가 자연의 여러 환경에 적응하여 각자의 종을 보존하는 모습을 배우고 모방하는 연구를 생체모방(biomimetics)이라 한다. 생체모방학은 벨크로, 전신 수영복, 직립보행 로봇 등 다양한 분야에서 활용이 되고 있다. 생물체를 모방하여 유용하게 활용할 수 있는 방안을 과학적으로 탐구하시오

2011년 전국 청소년 과학 탐구 대회 과학토론문제

부문	주 제
초등	관련분야 : 물 최근 전 세계는 갈수록 심화되고 있는 물 부족 위기를 극복하고, 과학적인 해결방안으로 맑고 깨끗한 물 확보하기 위해 노력하고 있다. 이에 따라물 부족에 대한 현황과 원인을 조사하고 우리주변에서 활용할 수 있는 실천과제에 대해 과학적으로 탐구하시오.
중학	(관련분야 : 에너지 & 기후변화 현재 에너지 자원의 대부분을 얻고 있는 화석연료는 환경오염과 온난화 현상을 가속화 시키고 있다고 한다. 이에 따라신재생에너지 또는 기존 에너지 자원의 효율을 높일 수 있는 방안에 대해 과학적으로 탐구하시오.
고교	(관련분야 : 지진 & 지진해일 최근 지진과 지진해일로 인해 전 세계적으로 많은 피해가 발생하고 있다. 우리나라에서도 5.0 이상의 지진이 발생하는 등 더 이상 지진의 안전지대로 볼 수 없다. 이에 따라지진·지진해일 관련 국내외 대비현황을 조사하고, 이에 효과적으로 대응할 수 있는 대책을 탐구하시오.

2. 교육청 기출논제

1) 2018년 교육청 기출논제

<강남서초교육청, 중부 교육청 : 과학토론대회 예선 주제>

가. 초등

화산폭발이 일어났을 때 생기는 피해들을 과학적으로 분석하고 피해를 줄일 방법을 과학적이고 창의적인 방법으로 논하시오.

나. 중등

미세먼지로 인해 대기 오염이 심각해지고 있다. 이를 해결하기 위해서 정부에서 경유차 보급을 중단하려고 한다. '휘발유차와 경유차의 경제적 환경적 엔진 효율적 등을 비교하고 경유차 금지에 대해 찬반을 쓰시오. 경유차 보급을 막을 것인가? 안 막을 것인가? 이에 대한 주장을 쓰고 그에 따른 근거를 제시하시오.

다. 강남서초교육청 본선 논제 <중등>

유전자 조작으로 탄생시키는 태아에 대한 찬반 토론

2) 2017년 교육청 기출문제

<강남서초 교육청>

가. 초미세 플라스틱 사용으로 발생되는 문제점의 해결방안 (예선 주제는 '미세플라스틱이 환경에 미치는 영향을 극복하는방법')

나. 이산화탄소 관련 주제 및 지구온난화대한 주제

<대전광역시 지역 본선>

가. 〈초등〉외래종 유입이 얻을 수 잇는 이점과 발생할 수 있는 문제점 분석 및 해결방

나. 〈중등〉층간 소음의 원인 분석 및 해결방안

<대전광영식 지역 예선>

가. 〈초등〉신재생에너지로 대체할 수 있는 해결방안을 제시하고 제로에너지하우스를 설계

나. 〈중등〉인공 지능 발달의 장점과 문제점 해결 방안 제시

<부산광역시 지역 예선>

〈중등〉한반도 지진 가능성에 대한 분석 및 원자력 발전소 건설에 대한 찬반과 대안 제시

3. 교내대회 기출 논제들

1) 2021년도 주요 학교 기출 논제

2021년부터는 코로나19로 인해 대회 방식이 변경이 되어서 1인 1팀으로 출전을 하게 되었습니다. 그리고 수기로 작성하던 대회 방식을 자료 검색을 통한 한글문서로 작성한 토론개요서와 발표영상을 제출합니다. 그리고 이를 심사하여 예선 통과자에 대해서 비대면 토론을 진행하는 대회 방식으로 변경이 되었습니다. 학교마다 교내대회의 경우에는 수기작성으로 하여 학교대표를 뽑기도 하고 또는 바로 시 대회 예선 논제가 발표되면 동일한 논제로 개요서를 작성하게 하고 제출하도록 합니다. 이중에서 교내 대회 대표를 뽑고 시 대회 예선 출전을 하게 합니다. 본선대회에는 예선 통과자들이 줌으로 토론하면서 대회를 진행하게 됩니다. 당일 논제를 발표하여 교내 대회를 진행하는 학교도 있었지만 논제를 미리 주고 일정 기간 작성하여서 발표동영상 및 개요서 작성 한글 파일을 제출하여 예선 내회를 진행하는 학교도 있었습니다. 이후 예선 통과한 학생들끼리 토론대회를 진행하여 학교 대표가 되면 시 대회 예선을 나갈 수 있게 했습니다. 2020년부터는 서울의 경우 과학토론대회를 진행하지 않게 되었습니다. 하지만 서울시를 제외한 다른 지역에서는 초등부도 진행을 합니다.

그래서 초등학교 때 과학토론대회 경험이 전혀 없었던 중학생들이 늘어나고 있습니다. 중학교 때 처음으로 과학토론대회를 도전할 경우에는 더 많은 연습과 훈련이 필요할 것입니다. 물론 학생의 역량에 따라서 노력해야 할 분량과 강도는 다를 수 있습니다.

	주제	출제 학교	출제 논제	비고
1	스마트 시티	역삼중	스마트시티에 대한 정의를 내리고, 스마트 시티의 장단점과 필요성에 대한 자신의 생각 그리고 한국형 스마트시티의 모습을 창의적으로 제시하시오.	당일논제발표
2	열섬	도곡중	한 나라가 도시를 계획할 때 도시 열섬문제와 관련하여 어디까지 계획할 지를 과학적으로 제시하고, 그리고 도시열섬문제와 물부족 문제를 해결하기 위한 방안을 제시하시오.	당일논제발표
3	플라 스틱	원촌중	최근 코로나19 장기화에 따른 포장 용기사용의 확대로 인해 '플라스틱과 환경오염' 화두로 떠올랐다. 포장 용기사용의 확대로 인한 피해를 조사하고, 그 피해를 줄일 수 있는 방안을 과학적으로 탐구하시오.	사전논제 발표, 작성 후 제출
4	플라 스틱	원촌중	신종 바이러스의 발생 원인을 분석하고, 예측되는 문제 상황의 과학적인 대처 방안을 논하시오.	사전논제 발표, 작성 후 제출
5	신종바 이러스	대원 국제중	특정 코로나 백신의 부작용 및 접종 대상 결정에 대한 접종 찬반 논란에 관하여 과학적 근거를 기반으로 자신의 의견을 주장하시오.	사전논제 발표, 작성 후 제출
6	코로나 백신	단대부중	코로나19 백신 의무화에 대한 찬성 혹은 반대 의견을 쓰시오.	사전논제 발표, 작성 후 제출
7	코로나 백신	방배중	탈원전에 대해서 어떻게 생각하고 찬성하는지 반대하는지에 대해 서술 하시오.	사전논제 발표, 작성 후 제출

8	기후 변화	서초중	우리나라는 전국적으로 아열대 기후로 진입하게 되었고, 식물의 생장 기간이 늘어나고 연평균 온도도 증가하게 되었다. 이러한 기후 변화로 인한 생태계와 사회에 미치는 문제점을 탐구해 보고, 이러한 문제점을 해결할 수 있는 과학적이고 창의적인 방안을 제시하시오.	사전논제 발표, 작성 후 제출

2) 2019년도 주요 학교 기출 논제들

2인 1팀으로 토론대회를 진행하였습니다. 2018년과 진행방식은 동일하였습니다. 하지만 토론 논제가 훨씬 다양해졌습니다. 이때도 초등, 중등, 고등 모두 과학토론대회를 진행했습니다.

	주제	출제 학교	출제 논제	비고
1	지구 온난화	세화 여중	1. 지구온난화 설명 2. 지구온난화 원인 3가지 이상 3. 지구온난화 영향 3가지 이상 4. 지구 온난화의 주 원인이 이산화탄소가 아니라고 주장하는 학자들이 주장하는 원인 5. 수소 에너지의 장단점과 수소 에너지를 효과적으로 추출하는 방법 (1번 부터 3번은 필요 없는 내용을 쓰면 감점이고 제한 시간은 1시간)	(예선)과학논술 시험으로 6팀 선발
2	원자력 발전소 존폐 문제	세화 여중	한반도는 지진 안전지대인지 아니면 대지진 가능성을 안고 있는지 과학적으로 이를 분석하고 대지진을 대비하여 원자력 발전소의 존폐문제와 우리나라가 노력할 대안을 창의적으로 제시하시오.	(본선)당일 논제 발표, 주어진 자료 바탕으로 개요서 작성 및 토론 실시
3	동물 복지법	반포중	〈문제상황〉 최근 반려 동물과 함께 살아가는 사람들이 많아지고, 자연과 인간의 공생과 관련된 문제에 대해서 고민을 하는 사람들이 늘어감에 따라 우리나라에서도 동물 실험반대 문제, 동물원 존폐 문제, 공장형 동물 농장 폐지 관련 문제, 개식용 반대 문제 등 등 물복지와 관련된 많은 논쟁들이 이어져 가고 있습니다. 특히, 반려인구의 폭발적인 증가와 비례하는 유기동물의 증가는 전국적으로 심각한 문제가 되고 있습니다. 이러한 요인을 고려하여 서울시에서는 '동물 공존 도시 서울 기본 계획'을 발표하기에 이르렀습니다. 〈토론논제〉우리나라의 동물 복지법과 최근 서울시에서 발표한 '동물 공존 도시 서울 기본 계획'을 참고 하여 동물 복지법에 부족한 부분을 보강 또는 새롭게 필요하다고 생각하는 법을 만들어 나만의 동물 복지법을 3가지~5가지를 제시하고, 그 근거를 쓰시오.	예선 논제 전날 발표 후 개요서 제출, 6팀 선발 후 본선

4	플라스틱	반포중	〈문제상황〉 전 세계에서 발생하는 쓰레기 처리에 관한 문제는 지난 몇 십년동안의 중요한 이슈가 되어 이를 해결하기 위해 세계 각국에서는 국가적 차원에서 이를 해결하고자 노력하고 있다. 그러나 이러한 노력에도 불구하고 재활용될 수 없는 쓰레기의 양은 늘어만 갔고, 이러한 쓰레기들은 바다로, 산으로 유입되어 지구를 병들게 하고 있다. 최근 논란이 플라스틱 쓰레기의 문제는 자연적으로 분해되지 않는다는 것인데, 문제는 플라스틱을 먹이로 생각하는 많은 동물들이 생겨나고 있다는 것이다. 눈에 보이는 플라스틱은 어린 동물들의 위를 가득 채워 필요한 영양분을 공급하지 않아 결국 죽음에 이르게 한다. 그러나 과학자들은 눈에 보이는 플라스틱이 주는 심각성보다 눈에 보이지 않는 미세한 플라스틱이 줄 수 있는 문제들에 대해 더 큰 문제들이 발생할 것이라 이야기한다. 미세플라스틱은 플라스틱이 바다로 유입되어 파도에 의해 부숴지고, 광분해되어 만들어져 지속적으로 바다를 떠돌아다니게 된다. 〈토론논제〉 미세플라스틱에 의해 발생할 수 있는 문제들에 대해서 찾아보고, 자신들의 과학적 지식과 이론에 근거하여 상상력을 동원해 이미 바다에 퍼져있는 미세 플라스틱과 앞으로 발생할 수 있는 미세 플라스틱을 없앨 수 있는 방법을 3가지 이상 제시해보자.	본선 토론논제는 대회 전날 공고, 토론개요서에 대한 주장 및 질의 · 응답으로 진행됨.
5	이상기후	이수중	이상기후에 대한 논제	(예선)당일 논제 주고 토론개요서 수기 작성, 80분간
6	대기오염	대원국제중	최근 대기질이 나쁨인 상태가 증가하고 있다. 대기질이 인체에 미치는 영향을 바탕으로 안전하게 외출할 수 있는 방안을 탐구하시오.	토론개요서 사전에 작성 후 제출
7	미세플라스틱	서일중	미세플라스틱의 원인과 영향을 설명하고 미세플라스틱 문제를 해결할 수 있는 방안 제시 하시오.	사전논제 발표, 작성 후 제출
8	생명과학기술과 윤리	원촌중	생명연장과 생명윤리의 갈등을 해결할 수 있는 방안을 제시하시오.	사전논제 발표, 작성 후 제출
9	인공지능	방배중	인공지능에 대한 논제	당일논제발표, 인공지능에 대한 논제를 가지고 토론 진행함.
10	유전자가위	원명초	유전자 가위에 대해서	(본선) 동일한 논제로 토론대회
11	인공지능	신반포중	인공지능이 인간보다 공정할까? 공정하다면 그 이유는 무엇일까? 반대 의견이면 그 이유를 설명하라!	(예선)당일 논제 발표, 개요서 작성 (본선)토론만

12	자율 주행	서원초	자율주행 자동차의 정의, 자율주행 자동차의 문제점 분석, 해결방안을 기술적, 윤리적, 사회적 등 으로 제시 하기.	(예선)당일 논제 발표, 개요서 작성 (본선)토론만
13	원자력 발전	신천중	원자력 발전소 존폐 문제 한반도는 지진 안전지대인지 아니면 대지진 가능성을 안고 있는지 과학적으로 이를 분석하고 대지진을 대비하여 원자력 발전소의 존폐문제와 우리나라가 노력할 대안을 창의적으로 제시하시오.	(예선) 두꺼운 자료 제공
14	우주 쓰레기	경원중	최근 중국에서 쏘아 올렸던 텐궁 위성이 지구로 떨어지면서 잔해가 어떻게 영향을 미칠 지 큰 이슈가 되었다. 영화 그래비티를 보아도 우주 쓰레기의 위험성에 대해서 간접적으로 알 수가 있다. 우주에 쏘아 올린 위성들의 잔해가 남아서 위협이 되고 있는 상황에서 발생할 수 있는 다양한 문제점들을 원인과 함께 과학적으로 분석하고 , 어떻게 하면 이 문제를 창의적으로 해결할 수 있는지 제시하시오.	(예선) 당일 논제 발표, 개요서 작성 (본선) 토론만 진행
15	5G 시대	용강중	눈앞에 다가온 5G 시대, 사회에 가져올 변화를 창의적이고 과학적으로 분석하고, 이러한 변화의 긍정적인 측면과 부정적인 측면에 관하여 제시하시오. 또한 5G 통신이 미래의 직업 전망과 노동 시장에 어떻게 영향을 미칠 것인지 과학적으로 논하시오.	(본선) 예선 논제로 토론진행
16		신중초	유전자변형에 대해서	당일논제발표
17		역삼중	유전자에 대한 논제 (유전자 가위에 대한 내용)	당일논제발표
18	탈원전	숭의초	한반도는 지진 안전지대인지 아니면 대지진 가능성을 안고 있는지 과학적으로 이를 분석하고 대지진을 대비하여 원자력 발전소의 존폐문제와 우리나라가 노력할 대안을 창의적으로 제시하시오.	당일논제발표
19	유전자 가위	신용산초	유전자 편집에 대한 논제 , 유전자 가위, 유전자조작에 대한 논제	(예선) 당일논제발표
20	신재생 에너지	신용산초	신재생에너지에 대한 논제로 개요서 쓰고 토론	(본선) 당일논제발표
21	미세 먼지	신동중	미세먼지였는데, 질문에 답하는 논리, 서술형	당일논제발표

22	지구 온난화	서초중	인간의 산업 활동의 결과로 배출된 막대한 이산화탄소 때문에 지구 온난화 현상이 일어난다고 주장하는 과학자들이 있다. 반면 대기의 먼지 증가로 태양열 유입이 방해를 받아 지구의 온도가 낮아진 다거나, 지금 우리가 빙하기 사이의 간빙기에 있기 때문에 지구의 온도가 올라간다고 보는, 지구의 온도변화가 자연적인 현상임을 주장하는 과학자들이 있다. 어떤 과학자들의 의견이 더 맞다고 생각하느냐에 따라 정책을 결정하거나 사람들이 미래를 위해 노력하는 방향이 달라집니다. 과학자들 사이의 이러한 의견 불일치에 대해 깊이 고민해 본 후, 제공된 자료에 근거하여 여러분은 어떤 입장이 더 맞다고 생각하는지 정한 후 그것을 옹호해 보라.	당일논제발표
23	개인 정보 유출	반원초	최근 성범죄를 저지른 정준영 사건을 바탕으로 해서 개인정보 보호의 범위는 어디까지이고 개인정보 유출을 막기 위한 창의적인 해결 방안 제시하시오.	당일논제발표
24	인공 지능	계성초	인공지능은 우리와 친구가 될수있을까?	당일논제발표
25	미세 플라 스틱	원촌초	미세플라스틱의 원인과 영향을 설명하고 미세플라스틱 문제를 해결할 수 있는 방안 제시 하시오.	당일논제발표

3) 2018년 교내대회 기출논제

2018년에도 2인 1팀으로 대회를 출전하였고, 수기로 토론개요서를 작성하고, 예선 통과를 하면 새로운 본선 논제로 대회를 하거나 예선 논제로 실전을 토론을 하면서 대회를 진행하기도 했습니다. 학교마다 진행하는 방식의 경우에는 다를 수 있습니다. 하지만 교육청이나 시대회에 나가게 되면 전체적인 룰은 요강과 동일하게 진행합니다. 학교마다 비슷한 기출 논제들이 있었던 해였습니다. 그래서 논제들 중에 비슷한 키워드로 묶어서 분류했습니다. 논제들을 보면 비슷한 키워드로 다양한 논제들이 나올 수 있음을 알 수 있고 이를 통해서 다양한 생각을 할 수 있게 됩니다.

	주제	출제학교	출제 논제	비고
1	지구 온난화	세화 여중	지구온난화 설명, 지구온난화 원인 3가지 이상, 지구온난화 영향 3가지 이상, 지구 온난화의 주 원인이 이산화탄소가 아니라고 주장하는 학자들이 주장하는 원인, 수소 에너지의 장단점과 수소 에너지를 효과적으로 추출하는 방법 (1번부터 3번은 필요 없는 내용을 쓰면 감점	(예선)과학논술 시험으로 6팀 선발
2	생체 인식	원명초, 원촌초, 서원초, 신중초	최근 지문, 홍채, 정맥 정보 등 생체 정보가 개인의 신분증 대신 사용되고 있다. 1) 생체 정보의 종류와 2) 생채정보를 활용했을 때의 장점과 한계점은 무엇인가?영화〈마이너리티 리포트〉를 보면 주인공의 홍채를 분석해 신원을 파악한 후, 주인공의 체격과 취향 등을 분석해 최적의 패션을 추천해줍니다. 이와 같은 생체 인식 기술은 사람들 각자의 고유한 신체 특징을 수집하여 본인 여부를 확인하는 기술로, 휴대폰, 은행, 공항 등 다양한 분야에서 실체로 도입되고 있습니다. 이렇게 생체 인식 기술을 개발하여 생체 정보를 수집하는 것에 대해 여러분의 입장은 찬성인지, 반대인지를 쓰고, 그 이유는 무엇인지 개요서를 작성해 보세요 2)생체인식에 대한 정의 , 생체인식 기술은....생체인식 기술이 도입된 상황을 과학적으로 상상하고 여러 가지 문제점들이 있음에도 불구하고 생체인식 기술이 도입되어야 하는지 과학적이고 창의적으로 제시하시오. 3)생체인식 사용에 대한 찬반 토론 (제공한 정보를 바탕으로 작성한다.)	(예선)당일 논제 발표, 개요서 작성 예외)원명초는 보고서 작성후 통과 팀반 본선에서 토론 진행
3	자율 주행	청심국제고, 원촌초, 동작중, 용강중, 서래초, 방배초, 한양초	자율주행자동차의 상용화에 앞서 생각해야봐야 할 점이 있다면 무엇인지 과학적으로 분석하고, 자율주행자동차의 상용화가 우리 삶에 가져올 변화는 무엇인지 창의적으로 제시하시오	(예선)당일 논제 발표, 개요서 작성 (본선)토론만 진행 예외)동작중은 토론개요서 작성 후 제출
4	미세 먼지	원촌중, 단대부중, 서일중, 계성초, 잠원초	가. 미세먼지의 원인과 끼치는 영향 그리고 해결방안 제시 나. 우리의 건강을 위협하는 미세먼지의 주요 원인은 주변국가에서 유입된 결과인지 아니면 국내에서 발생된 것이 주요 원인인지를 과학적으로 분석하고, 이러한 미세먼지를 해결할 수 있는 방안을 과학적이고 창의적으로 제시하시오.	(예선)당일 논제 발표, 개요서 작성 (본선)토론만 진행

5	도시 광산	도곡중	일반폐기물, 산업폐기물로부터 유용한 자원을 회수하는 것을 도시광산이라 하며, 폐냉장고나 폐PC 등과 같은 것을 도시광석이라고 한다. 다양한 도시광석 중에서 한 제품을 골라 재활용 현황과 문제점을 조사하고, 그 문제점을 개선할 수 있는 과학적 방안을 제시하시오.	(예선)당일 논제 발표, 개요서 작성 (본선)토론만 진행
6	원자력 발전소 존폐	휘문중, 반원초	1) 우리 나라는 지진의 안전지대인지 아닌지 주장하고, 지진이 발생 했을 때 지진으로 인한 난민을 보호할 수 있는 건물을 창의적으로 제시하시오. 2) 한반도는 지진 안전지대인지 아니면 대지진 가능성을 안고 있는지 과학적으로 이를 분석하고 대지진을 대비하여 원자력 발전소의 존폐문제와 우리나라가 노력할 대안을 창의적으로 제시하시오.	(예선)당일 논제 발표, 개요서 작성 (본선)토론만 진행
7	정적 기술	대원 국제중	최첨단기술이 아닌 최빈국과 개도국의 가난한 이들이 바로 쓸수 있도록 만들어진, 단순하지만 효용이 큰 기술을 적정기술(Appropriate Technology)라고 한다. 적정기술은 맑은 물을 구하기 어려운 아프리카 주민들을 위한 빨대 형식의 휴대용 정수기인 라이프 스트로(life straw)나 가난한 농부들을 위한 발로 동력을 만들어 내는 관개용 페달 펌프 등 다양한 분야에서 활용되고 있다. 최빈국 또는 개도국의 문제를 찾아 이를 해결할 수 있는 적정기술 방안을 과학적으로 탐구하시오.	토론개요서 사전에 작성 후 제출
8	드론	(예선) 반포중학, 한양초	1) 드론의 사용을 제한하는 것이 필요한가? 필요하다면 , 또는 필요하지 않다면 자신의 주장에 근거를 들어 논하시오. 2) 국내외 적으로 드론을 활용한 산업이 갈수록 발달하고 있다. 드론을 사용할 때의 장점과 단점을 다양한 측면에서 과학적으로 분석하고 이때 발생할 수 있는 문제를 창의적이고 과학적으로 제시하시오.	(예선)당일 논제 발표, 개요서 작성 (본선)토론만 진행 예외) 반포중은 사전에 개요서 작성 후 제출
9	다른 행성 생명 근거지	(본선) 반포중	인류를 위해 지구가 아닌 다른 곳에 생명이 살 수 있는 곳을 만드는 것이 필요한가? 필요하다면, 현재 지구를 잘 보전하기 위해 필요한 노력의 정도와 지구가 아닌 다른 곳에 생명이 살 수 있는 근거지를 만드는 데 필요한 노력의 정도의 비율은?	개요서 통과 팀만 본선 논제로 대회 전날 개요서 제출 후 토론 진행
10	미세플 라스틱	서초중, 신동초, 경원중	1) '미세플라스틱이 환경에 미치는 영향을 극복하는 방법' 해양오염에 대한 주제 미세 플라스틱이 지구상의 생태계는 물론 인류의 생존을 위협하고 있다. 미세플라스틱의 문제를 과학적으로 분석하고, 이를 해결할 수 있는 방안을 과학적이고 창의적으로 제시하시오. 2) 미세플라스틱에 의한 해양 오염, 쓰레기 섬에 대해서 나왔는데, 쓰레기 섬이 발생하는 원인과 과정, 그리고 안간에게 미치는 영향과 해결방법에 대해 제시하시오. 미세플라스틱에 의한 해양 오염, 쓰레기 섬에 대해서 나왔는데, 쓰레기 섬이 발생하는 원인과 과정, 그리고 안간에게 미치는 영향과 해결방법에 대해 제시하시오.	(예선)당일 논제 발표, 개요서 작성 (본선)토론만 진행 예외) 신동초는 사전에 개요서 작성 후 제출

11	인공위성쓰레기	서운중	최근 중국에서 쏘아 올렸던 텐궁 위성이 지구로 떨어지면서 잔해가 어떻게 영향을 미칠 지 큰 이슈가 되었다. 영화 그래비티를 보아도 우주 쓰레기의 위험성에 대해서 간접적으로 알수가 있다. 우주에 쏘아 올린 위성들의 잔해가 남아서 위협이 되고 있는 상황에서 발생할 수 있는 다양한 문제점들을 원인과 함께 과학적으로 분석하고 , 어떻게 하면 이 문제를 창의적으로 해결할 수 있는지 제시하시오.	(예선)당일 논제 발표, 개요서 작성 (본선)토론만 진행
12	미래과학	신사중	"미래과학의 긍적적인 면과 부정적인 며면에 대해서 과학적으로 분석하고, 창의적인 문제 해결방안을 제시하시오.	(예선)당일 논제 발표, 개요서 작성 (본선)토론만 진행
13	소형풍력발전기	신동중	소형풍력발전기에 관련하여 도심에서 풍력이용가능 여부, 또 해결방안 제시	(예선)당일 논제 발표, 개요서 작성 (본선)토론만 진행
14	인공비	방배중	기상조절 기술은 인류에 긍정적으로 기여할 것인지, 부정적 영향을 미칠 것인지 과학적으로 분석하고, 기사이변을 대비하여 우리나라가 노력해야 할 대안을 과학적이고 창의적으로 제시하오.	(예선)
15		방배중	4차 산업 혁명에 대해(문제점 분석 및 해결방안)	(본선)
16	블록체인	숭의초	블록체인 방식을 이용한 암호암폐의 장점과 단점을 서술하고, 암호화폐의 문제점을 과학적으로 분석하고, 그에 대한 해결방안을 창의적이고 과학적으로 제시하시오.	(예선)당일 논제 발표, 개요서 작성 (본선)토론만 진행
17	조류독감	역삼중	유전자에 대한 논제 (유전자 가위에 대한 내용)	(예선)당일 논제 발표, 개요서 작성 (본선)토론만 진행
18	베리칩	신반포중	우리나라에서 발생하는 조류 독감과 구제역등의 바이러스의 원인과 해결방법을 창의적이고 과학적으로 제시하시오. (예시: 최근 AI(조류인플루엔자)에 의한 피해가 늘어나면서 달걀 부족현상이 일어났고 또 달걀을 수입하기도 했다. 이처럼 신종바이러스로 인한 피해가 매년 늘고 있는데 이에 대한 과학적인 근거를 제시하고 앞으로 어떠한 바이러스가 나올지 예측하고 이를 해결하기 위한 방안을 창의적으로 제시하시오.)	(예선)당일 논제 발표, 개요서 작성 (본선)토론만 진행
19	재활용쓰레기	신용산초	자원 재활용쓰레기처리 방안에 대해 창의적으로 제시하시오.	(예선)당일 논제 발표, 개요서 작성 (본선)토론만 진행

4) 2017년도 과학토론대회 기출논제

2017년도 이전에는 2인으로 구성하여 토론 논제에 대한 탐구 설계를 하여 실험을 하고 보고서를 제출하고 이 보고서의 내용을 바탕으로 과학토론대회를 하였습니다. 2017년부터는 2인으로 구성한 토론 논제에 대한 개요서를 작성하고 이것을 바탕으로 과학토론대회를 펼치게 하는 방식으로 바뀌었습니다.

토론논제는 예선 당일에 발표하기 때문에 미리 토론개요서를 작성할 수 없습니다. 그래서 어떠한 논제가 나올지 모르기 때문에 다양한 논제에 대한 토론개요서 작성 훈련이 필요하며 또 실전 토론 준비도 필요했습니다. 새로운 방식의 토론대회였기 때문에 학교별로 비슷한 논제가 많이 출제되었습니다. 특히, 한국창의재단에서 발표한 예시 논제가 교내 예선 논제로 출제가 많이 되었습니다. 그래서 항상 연습을 할 때는 전국대회 논제를 제일 먼저 해 보는 것이 좋습니다.

	주제	출제학교	출제 논제	비고
1	미세 먼지	원명초, 고명중, 성신초, 길음중, 중부초, 대도초, 반포초, 승인초, 포이초, 삼산중, 서울 명덕, 도성초	우리의 건강을 위협하는 미세먼지의 주요 원인은 주변국가에서 유입 된 결과인지 아니면 국내에서 발생된 것이 주요 원인인지를 과학적으로 분석하고, 이러한 미세먼지를 해결할 수 있는 방안을 과학적이고 창의적으로 제시하시오.	(예선) 당일 논제 발표, 개요서 작성 (본선) 토론만 진행 (예외) 원명초는 사전에 보고서 제출 후 예선 통과팀 선발
2	신재생 에너지	원명초	"신재생에너지" 라고 하네요. 그 안에 원자력발전소, 오존, 미세먼지 이런 내용	(본선)당일 논제 발표, 주어진 자료 바탕으로 개요서 작성 및 토론 실시
3	유전자 조작	고명중	유전자 조작으로 건강하지 않은 부모가 건강한 아이들 낳는 것에 대한 찬반토론	당일논제발표
4	인공 지능	경원중학교, 서래초, 반포초, 숭의초, 서울사대부중	인공지능에 대한 것,인공지능을 통해 일어날 문제 어떻게 해결할 것인가? 국내외에서 인공지능이 활용되고 있는 상황과 인공지능을 사용했을 때의 장단점을 분석하고 앞으로 인류가 인공지능을 사용하는 데에 있어서 나아가야 할 방향을 제시하시오.	(예선)당일 논제 발표, 개요서 작성 (본선)토론만 진행
5	에너지	성신여자중학교, 사대부여자중학교	현대인은 화석연료, 전기 등을 생활에 필요한 에너지로 이용하고 있다. 산업혁명 이전 사람들은 주변의 자연환경을 활용하여 생활에너지(냉·난방, 동력 등)를 어떻게 얻었는지 조사하고, 환경 문제 개선에 도움이 될 수 있는 방안을 제시하시오.	사전에 개요서 및 보고서 작성 후 제출, 본선 참가팀 선발

6	자율 주행 자동차	반포중	자율주행자동차의 장단점, 상용화 시 다양한 관점에서 방안 제시	예선 사전에 토론개요서 작성 후 제출
7	4차 산업혁명	반포 중학교, 서울 경목초, 양진초	1)무엇을 4차 산업 혁명이라고하는가? 2)그것을 4차 산업혁명이라고 부르는 것에 대하여 동의 또는 비동의에 대하여 3)그렇게 생각한 이유를 객관적인 근거를 들어 논하시오.4차 산업혁명의 장점과 단점	(예선)당일 논제 발표, 개요서 작성 (본선)토론만 진행 예외)반포중 은 대회 전에 개요서 제출, 당일 토론만 진행
8	기후 변화와 미래 식량	삼선 중학교, 잠원초	기후변화에 의한 미래식량 문제, 식량부족? 미래식량? 미래식량으로 식물 활용 방안	당일논제발표
9	우주 개발	신동중	우리나라가 우주 개발을 발전시키려면 어떻게 해야 하는가?	(예선)당일 논제 발표, 개요서 작성 (본선)토론만 진행
10	한반도 지진	세화 여중, 원촌중, 사대 부중, 대청중, 오륜중, 서현중	한반도는 지진 안전지대인지 아니면 대지진 가능성을 안고 있는지 과학적으로 이를 분석하고, 대지진을 대비하여 원자력발전소의 존폐문제와 우리나라가 노력할 대안을 창의적으로 제시하시오.	당일논제발표
11	환경 호르몬	서일중	환경호르몬과 관련된 논제	(읽을 자료 많이 배부
12	로봇 세금	세화여중	4차 산업혁명시대에 로봇이 햄버거 점원의 일자리를 받는다고 세금을 받아야 하는가?	((예선) 보고소 제출로 예선통과한 팀 본선 진행, 당일 토론 논제 발표
13	증강 현실	(예선) 버들초, 신천중, 원촌초	VR(증강현실)에 대한 문제해결방안	당일논제발표
14	동물 실험	(본선) 버들초	동물 실험에 대한 찬반 논제	(예선) 당일 논제 발표, (본선) 당일 논제 발표, 토론
15	과학 윤리	원촌중	과학자의 윤리 (6장)	당일논제발표
16	무인도	서이초	무인도에서 물을 얻을 수 있는 방법(과학도구 사용해서 과학적인 방법으로)	당일논제발표

17	드론	반원초, 서원초	드론의 유용성, 드론의 유용성, 문제점	(예선)당일 논제 발표, 개요서 작성 (본선)당일 토론 진행
18	원전사고	방일초	후쿠시마 원전사고에 대해	당일논제발표
19	주거환경	신용산초	햇볕이 들지 않는 건물에 대한 해결방법	당일논제발표
20	생체정보	서초초	생체정보, 생체정보공개허용에 대해서 토론(생체인식과 정보윤리)	당일논제발표
21	사물인터넷	길원초	사물인터넷과련 분제 해결 방안 제시	당일논제발표
22	비만	동북초, 서울구남초	비만의 문제를 4차 산업을 활용하여서 해결할 창의적인 문제해결방안을 제시 어린이 비만의 원인 제시 및 해결방안 제시	당일논제발표
23	제2의 지구	양진중	최근 성범죄를 저지른 정준영 사건을 바탕으로 해서 개인정보 보호의 범위는 어디까지이고 개인정보 유출을 막기 위한 창의적인 해결 방안 제시하시오.	당일논제발표

Science debate contest

Part 5 토론 개요서 작성 노하우

1. 개요서 작성 전략

토론 및 주장 다지기에 사용되기 때문에 실질적인 중요도가 높은 항목입니다.

수기 작성이 원칙이기 때문에 가독성이 중요합니다. 제목, 중간 타이틀, 내용 등의 글자 크기와 표, 그림과 글의 배치 등 구성을 미리 계획한 후 작성합니다.

상대팀에게 자신의 주장을 핵심적으로 전달할 수 있도록 문장형 보다는 간단명료하게 개조식으로 작성해야 합니다. 필요에 따라 표, 그림, 그래프 등 효율적 전달을 고려하여 작성합니다. 그래프 및 도표 삽입, 자료 사용 시 출처를 반드시 밝혀야 합니다. 그렇지 않으면 실격요인이 됩니다.

주장을 작성할 때에는 문제 상황의 핵심적 요인 + 해결방안을 드러낼 수 있는 문장으로 짧고 명료하게 진술해야 합니다. 주제를 받았을 때 가장 먼저 해야 하는 것은, 주제 분석입니다

[찬성/반대]로 작성해야 하는 경우에는 찬성 또는 반대하는 주제를 명확히 제시하고, 그 근거들을 명료하게 한 문장으로 진술해야 합니다.

ex) ~~~를 위한 ~~~은 ~~~~와 ~~~~한 이유로 반대합니다.

[자율/규제]에서 규제의 정도는 어떻게 할 것인지, 외국의 사례를 제시하며 그 사례는 우리나라 환경에 어떻게 적합하고 적합하지 않은지 등을 제시해야 합니다.

[원인분석/대책]에서는 문제 상황의 핵심적 요인과 해결 방안을 드러낼 수 있는 문장을 짧고 명료하게 하나의 문장으로 진술합니다. 문제 원인은 다양한 측면을 과학적 근거를 바탕으로 명료하게 제시하고, 이를 뒷받침 할 수 있는 표, 통계자료, 관련 실험 연구 등을 인용해야 합니다.

[문제 해결방안]은 과학적으로 접근하되, 구체적인 방안을 제시합니다. 방안의 구체적 사례를 조사하거나 창의적 방안의 가능성을 발견할 수 있도록 관련 과학적 지식을 연결하여 융합적으로 사고를 하며 기존 보유 지식 사용 가능합니다.

[원인]은 크게 대외적측면과 대내적측면으로 나눌 수 있고 [해결방안]은 크게 외교적 방안, 기술적 방안, 정책적 방안으로 나눌 수 있습니다.

이 시간에 토론대회의 모든 과정을 다룬다고 생각하면 됩니다. 개요서를 작성하는 동시에 예상 질문 목록이 떠오르면 따로 메모해 두면 더 개요서를 과학적인 오류를 줄이면서 쓸 수 있습니다. 개요서 작성을 마친 뒤, 추가 예상 질문을 고민한 후 그 답변도 미리 준비 해주면 좋습니다. 동영상으로 발표하는 것을 찍기 위해서는 예상 질문을 생각해 보고 이에 대한 보완점을 좀 더 넣은 주장 다지기까지 미리 준비해서 이 부분을 마지막에 추가하여 발표영상에 넣으면 더 좋겠습니다. 개요서를 그냥 차례대로 발표하며 마무리하는 것보다는 더 설득력이 있는 과학토론 발표가 될 것입니다.

참고 사이트

스마트 과학관 http://smart.science.go.kr/Index.action

사이언스타임즈 http://www.sciencetimes.co.kr

국가통계포럼 http://kosts.kr

전국고등학생토론대회 http://www.

2. 과학적 분석 방법 및 전략

1)객관적인 수치를 제시합니다.

지진의 발생횟수와 규모가 증가하고 있으므로 대지진에 따른 원자력 발전소의 피해는 당연히 일어날 수밖에 없는 것이다(X)

지진의 발생횟수 : 2000년 이전보다 2배 증가
지진의 규모 : 2.0~3.0 규모에서 5.0으로 증가
원자력 발전소 내진 설계 : 7.0
규모 7.0을 넘는 대지진 발생시 대응방안(o)

2) 직접 수기 작성을 하는 개요서는 정선된 글씨로 합니다. (개조식)

지진의 발생횟수와 규모가 2배 이상 증가하고 지진의 규모도 2.0 ~ 3.0에서 5.0으로 증가하며…(X)

지진의 발생횟수 : 2000년 이전보다 2배 증가함
지진의 규모 : 2.0~3.0 규모에서 5.0으로 증가함
원자력 발전소 내진 설계 : 7.0
규모 7.0을 넘는 대지진 발생시 대응방안 없음(O)

3. 실전개요서 작성

1) 논제 분석
2) 자료 분석하기
3) 개요서 뼈대 잡기
4) 주장 만들기
5) 개요서 작성하기

Science debate contest

Part 6 기출 논제들의 토론 개요서 작성 훈련

이번에는 토론개요서작성의 연습을 해 볼 것입니다. 토론개요서를 많이 작성해 볼수록 실력은 더 늘게 됩니다. 하지만 더 확실하게 개요서 작성 실력을 더 늘리기 위해서는 내가 쓴 개요서의 내용이 잘 되었는지를 잘 파악하고 넘어가야 합니다. 내가 쓴 개요서와 다른 사람이 쓴 개요서를 비교해 보면서 분석하는 연습을 하면 개요서 작성하는 능력을 더욱 높일 수 있습니다. 또한 개요서를 작성을 할 때는 논제를 분석하고 논제에 필요한 자료를 찾고 분석하는 시간도 매우 중요합니다. 자료 중에서 중요한 내용들을 모아서 요점화 하는 연습도 하고, 또 문제를 해결하기 위한 방안에서도 과학적인 방법으로 어떻게 해결하면 좋을지를 생각하면서 떠오르는 아이디어를 메모하고 또 정리하여야 합니다. 이를 바탕으로 종합적으로 개요서를 어떠한 순서로 작성을 할지 전체적인 뼈대를 잡고 개요서 작성을 해 나갑니다. 그리고 문제원인을 분석하여 나온 내용을 한 줄로 요약한 것과 해결방안의 내용을 한줄로 요약한 것을 모아서 되도록 한 문장의 형태로 주장을 마지막에 작성합니다. 첫 번째 논제로 진행하는 개요서는 3장의 개요서 작성 양식의 분량을 연습하기 위해서 양식에 맞게 작성해 봅니다. 이후에는 별도의 개요서 노트나 연습장을 준비해서 개요서 작성 연습을 합니다. 또는 컴퓨터에서 개요서를 바로 작성하여도 좋습니다. 교내 대회 방식에 따라서 개요서 작성 연습을 컴퓨터로 하거나, 수기 작성으로 하면 됩니다. 그리고 개인적으로 더 편리하고 효과적인 방법으로 작성을 하면 됩니다. 개인 노트북을 준비하여서 컴퓨터로 작성해도 됩니다. 하지만 교내 대회가 수기작성으로 진행될 경우에는 수기 작성 연습도 충분히 하면 좋겠습니다. 전국대회와 시대회의 경우에는 컴퓨터로 작성한 한글 파일을 제출하기 때문에 최종적으로는 컴퓨터를 작성을 하는 것은 필수입니다.

▶첫째, 토론개요서 예시를 보기 전에 토론 논제에 대한 개요서를 작성해봅니다.

▶둘째, 본인이 작성한 개요서와 다른 사람이 쓴 예시 개요서를 비교해보고 다른 점과 비슷한 점을 찾아봅니다.

▶셋째, 이후에 추가해야 할 부분을 찾아서 더 작성하고, 새롭게 떠오르는 아이디어도 더 적습니다.

▶넷째, 내가 작성한 개요서의 장점과 단점을 적고, 다른 사람이 쓴 예시 개요서의 장점과 단점을 적어봅니다. 반론으로 나올 예상 질문들을 적고 예상 답변도 적어봅니다.

▶다섯째, 수정하여 보완한 개요서를 소리 내서 읽어보고 이해가 안 되는 부분이나 말이 맞지 않는 부분이 있다면 수정해 봅니다.

▶여섯째, 개요서를 작성한 것을 발표문 형식으로 바꾸어서 읽어보고 마지막에 주장을 설득할 수 있는 중요한 포인트를 더 강조하면서 발표연습을 해봅니다.

▶일곱째, 이것을 동영상으로 찍고 모니터링도 해 보면서 몇 번을 반복해 보면 발표 능력도 기를 수 있습니다.

1. [ESG] 논제 개요서 작성 연습하기

1) ESG 개요서 작성

토론 논제	현재 대두되는 환경문제 중 본인이 가장 심각하다고 생각하는 것을 하나 뽑아 조사해보자. 그리고 자신이 이 문제와 관련 있는 물건을 판매하는 기업의 담당자가 되어 환경/사회적 문제, 과학/기술을 이용한 해결방안, 정책 및 문화 활동 전략을 분석하고 ESG적 요소를 반영하여 새로운 대체품을 만들어 클라우드 펀딩을 받는다고 가정할 때 홍보 전략을 제시하시오.

※ 최대 3매를 초과할 수 없으므로 핵심적인 내용을 요점화 하여 작성

2) ESG 개요서 예시

토론 논제	현재 대두되는 환경문제 중 본인이 가장 심각하다고 생각하는 것을 하나 뽑아 조사해보자. 그리고 자신이 이 문제와 관련 있는 물건을 판매하는 기업의 담당자가 되어 환경/사회적 문제, 과학/기술을 이용한 해결방안, 정책 및 문화 활동 전략을 분석하고 ESG적 요소를 반영하여 새로운 대체품을 만들어 클라우드 펀딩을 받는다고 가정할 때 홍보 전략을 제시하시오.

1. 주장

환경 문제 중 플라스틱에 관한 문제가 가장 심각하다고 생각한다. 이를 해결하기 위해서 국가적으로 플라스틱 사용에 대한 규제와 문화활동을 통한 플라스틱 사용을 줄이는 캠페인을 진행하며 바이오플라스틱 개발을 위한 기술력을 더욱 확대하도록 기업적인 연합은 할 수 있도록 국가와 사회 그리고 국민이 통합적으로 노력해야 한다.

2. 환경/사회적 문제 및 정책

1) 과도한 플라스틱의 사용으로 인한 환경오염이 심각해지고 있다. 재활용되는 플라스틱은 단지 9%에 불과함. (가공된 83억톤 중 1톤)
2) 플라스틱을 대체하기 위한 바이오 플라스틱이 등장하였으나 가공부터 처리까지의 시스템이 완전하지 않음.
3) 환경문제에 관한 사람들의 인식수준이 매우 낮음
4) 바이오 플라스틱에 관한 법률이 없어 생산되서 이용된 바이오 플라스틱조차도 제대로 분해되지 않음.
5) 한국정부는 플라스틱 재생원료 비중을 2030년 30%까지 의무화, 2050년 100% 바이오 플라스틱으로 대체, 2050년까지 플라스틱 폐기물을 2020년 대비 20% 감소를 목표로 하고 있음. 2024년까지 국내의 대기업들은 플라스틱을 아예 사용하지 않는 방향으로 정부가 추진중임.

3. 바이오 플라스틱

바이오 플라스틱은 플라스틱을 대체하기 위해서 기존의 장점인 싼 가격과 가벼움을 둘 다 충족시킬 것을 기대하고 발명되고 있는 신소재

1) 바이오 플라스틱이란?

(1) 기존의 화석연료가 아닌, 바이오매스를 원료로 만든 플라스틱

→ 바이오매스란 광합성으로 만들어지는 다양한 조류 및 식물자원

예시) 나무, 풀, 열매, 톳밥, 볏집, 음식물 쓰레기, 분뇨 등

(2) 생분해 가능할 것

화합물이 무기물로 분해가 가능해야 한다. 즉, 화합물이 썩어서 자연으로 돌아갈 수 있어야 함.

두 가지 조건 중 한 가지 이상이 충족되어야 바이오 플라스틱임.

3. 미래에 각광받는 바이오 플라스틱의 종류

1) PBAT : 화석연료로 만들어졌지만 잘 썩는 바이오 플라스틱

-장점 : 강도, 내구성, 가공성이 우수하다. / 단점 : 기존에 사용되고 있는 플라스틱의 가격의 3배다.

-특징 : 분해공정이 필요하지 않고 미생물에 의해 분해되는데 6개월이 걸린다고 함.

2) PLA : 가장 대중화 되어있고 값도 싼 친환경 바이오 플라스틱

-제조과정 : 미생물이 옥수수 전분이나 사탕수수를 먹고 배출한 배설물의 젖산에서 L 타입의 락타이드를 정제해 추출함.

-장점 : 1kg당 1.5달러 수준의 가격으로 일반 플라스틱과 가격 면에서는 비슷하다. / 단점: 내구성이 약해 비닐봉지로 많이 쓰임.

-특징 : 미국계 화학기업인 '네이처웍스'가 전세계 공급량의 80%를 생산하며 '네이처웍스'의 모회사는 곡물생간 업체인 카길임.

3) PHA : 가장 친환경에 가까운 바이오 플라스틱

-제조과정 : 미생물에게 카놀라유나 팜유를 먹인 후 유전자 조작을 통해 원하는 성분의 정제된 배설물을 얻어냄.

-장점 : 적은 양의 동식물성 기름을 활용하며 유전자 조작을 통해 원하는 성분 뿐만 아니라 150여가지 플라스틱을 얻을 수 있음. 또한, 별도의 퇴비시설이 없어도 해양이나 토양에 묻으면 빠른 시간 안에 자연분해 됨.

-단점 : PLA보다 3배가량 비싼 1kg 당 4.5달러 수준의 가격

-특징 : 기업 '대니머 사이언티픽' 과 '카네카'가 펩시, 네슬레, 시세이도, 로레알 등의 기업들과 계약을 한 상태이며 국내에서는 'CJ제일제당'이 5000톤을 생산할 수 있는 생산설비를 갖춤. 2020년 시장규모가 3.6만톤이였고 2025년까지 33만톤으로 성장할 전망

4. 국가 차원에서 필요한 정책 및 문화 활동 전략

1) 국가 차원에서 필요한 정책

바이오 플라스틱을 공급한 이후의 단계들이며 정부는 바이오 플라스틱의 배출 방법에 관한 법률안을 상정할 필요가 있음. 실질적인 바이오 플라스틱의 장점은 바로 환경오염 감소인데 이러한 바이오 플라스틱을 일반쓰레기와 같이 소각한다면 바이오 플라스틱을 사용할 이유가 없음이 분명함. 그러나 국가의 차원에서의 한계가 있다면 이러한 처리에 관한 부분에 있어서는 전문성이 있지 않다는 것임. 그렇기에 정부는 사기업들과 협업하여 바이오 플라스틱을 공급하고 처리하는 기업들에게 지원을 하는 것이 최선의 방법이지 않을까 생각함. 또한, 현재 진행 중인 여러 가지 플라스틱 관련 규제 및 목표들 달성을 더 가속 할 필요성이 있음.

2) 국가 차원에서 필요한 문화 활동

국가의 최대 장점은 파급력이라고 생각함. 플라스틱을 사용하는 것에 대해 크게 거부감이 없고 당연

하다고 어기는 생각을 바꾸기 위해 정부는 플라스틱 사용에 관한 부정적인 이미지를 노출시키고 바이오 플라스틱에 관한 긍정적인 이미지를 제공하는 마케팅이 필요하다고 생각함. 앞으로 이 세상을 이끌어갈 젊은 세대들을 타깃으로 한 '소셜 네트워크 서비스'를 활용한 광고가 좋을 것 같음. 겉으로 보기에는 코믹하지만 그 속에 플라스틱의 과소비에 대한 심각성과 바이오 플라스틱의 긍정적인 면을 부각시켜 넣어서 자연스럽게 '바이오 플라스틱 사용 = 지구에 긍정적 영향'이라는 이미지를 소비시키는 것이 좋을 것 같음.

5. 해결 방안

1) 플라스틱 분해 시설 설립 제안

국내의 기업들이 점점 바이오 플라스틱을 사용하는 움직임을 보이고는 있으나 바이오 플라스틱은 재활용품이나 일반 쓰레기로 처리되면 안 된다는 정보가 부족하고 처리할 방도가 없기 때문에 올바르게 처리되는 것이 아니라 소각되고 있음. 가장 대중성 있는 PLA의 경우 분해되기 위해서는 지열 58도 수분 70% 의 조건에서 90~180일 이내에 90%이상 분해되는데 국내에는 아직까지 이런 PLA를 분해시킬 수 있는 시설이 없음. 그래서 PLA를 수거, 분해시킬 수 있는 시설을 설립을 제안함.

2) 플라스틱 감소 시스템 운영 방식 제안

플라스틱 감소를 위한 시설을 만들고 시스템을 운영하는 과정에서 필요한 자금은 클라우드 펀딩을 통해 받음. 국민적인 참여율을 높임. 플라스틱 수거함을 가정별로 설치 할 경우 비효율적이므로 아파트 단지와 같은 큰 공동체가 함께 참여하게 해서 파급효과를 높이도록 함. 아파트의 주민회의 때 주민들에게 환경오염의 심각성과 더불어 바이오 플라스틱에 관한 설명을 제시하고 아파트 주민들이 투자를 결정하게 된다면 해당 아파트에는 무료로 수거함을 설치하고 배출된 플라스틱을 무료로 수거해갈 예정임.

3) 바이오 플라스틱을 분해할 과학적 해결방안 제시

(1) 수거된 PLA를 파쇄기에 넣어 파쇄 후 배출

PLA의 분해 속도를 가속하기 위해서는 단면적을 최대한 넓히고 조각을 작게 만들어 토양과 퇴비와 골고루 섞이도록 함.

(2) 파쇄된 PLA를 토양, 볏집, 퇴비와 섞음.

PLA가 분해되는 기본적인 원리는 미생물에 의한 분해이며, 토양, 볏집, 퇴비에는 미생물들이 있으니 PLA와 토양, 볏집, 퇴비를 섞는 과정을 거치게 됨.

(3) 밑면이 넓고 높이가 낮은 형태이고 안쪽에는 열선이 뚜껑에는 스프링클러가 온도계와 습도계가 있는 통에 PLA와 섞인 토양, 볏집, 퇴비를 부어넣음. 밑면이 넓고 높이가 낮은 형태의 상자를 구상하게 된 이유는 혼합물과 상자의 겉면이 닿는 면이 많아야 온도와 습도 측정이 정확해지며 온도와 습도를 조절하기에도 도움이 될 것이라고 생각했기 때문임. 또한 안쪽의 열선과 뚜껑의 스프링클러는 각각 온도와 습도를 조절하기 위함임. 온도계와 습도계로 측정된 온도와 습도를 통해 열선과 스프링클러가 작동하여 58도와 습도 70%를 유지하도록 함.

4) 주기적으로 산소 공급을 통한 미생물의 분해 활성화 촉진

산소를 공급하는 것은 미생물의 활동에 의한 음식물의 분해활동을 향상시키고 악취를 저감시키 기 위함임

5) 분해된 PLA를 배출 하도록 함.

6. 기업 홍보 방법 제시

아파트 주민 회의에 참석한 아파트 주민들을 대상으로 투자를 받을 계획이기 때문에 주로 집안의 가장인 중년층을 타깃으로 한 마케팅이 필요하다고 생각했다. 중년층들이 자주 방문하는 사이트나 중년층들이 자주 검색하는 검색어들을 살펴보면 언제나 빠지지 않는 키워드는 건강, 식품, 웰빙 등이다. 그렇기에 분해 과정을 거쳐서 발생한 흙은 농가에 제공하고 이 농가에서 자라난 농산물을 구매하는 데에 있어서 기존의 투자자들에게 더 저렴한 가격으로 판매를 하거나 신선한 과채류를 우선 구매 할 수 있는 권한을 준다면 중년층에게 있어서 홍보가 될 것이라고 생각한다.

[출처]

〈ESG 시대, 순환경제〉 2. 플라스틱 재활용, 규제가 이끌 신시장

유통업계, ESG 확산에 포장재 대체제 찾기 활발 (IT 조선)

바이오플라스틱 관련주 : CJ제일제당의 친환경 생분해 플라스틱 PHA 소재 (우리의 우주 블로그)

PLA 생분해 플라스틱 (Violet VioLEt likes violet. 블로그)

분해와 재활용이 가능한 (주) 프로팩의 친환경 제품 'EL724' (서울경제)

'생분해 플라스틱'은 여전히 자연으로 돌아가지 못한다 (한겨레)

[광장] 재활용 탄소저감 생분해...세계환경정책의 방향 (아시아경제)

바이오플라스틱 쉽게 뽀개기 (PBAT/PLA/PHA) (어반그리너 urbangreener)

3) ESG 개요서 분석 및 수정 보완

<table>
<tr><th colspan="4">내가 쓴 개요서와 다른 사람이 쓴 개요서 분석</th></tr>
<tr><th colspan="2">비슷한 점</th><th colspan="2">다른 점</th></tr>
<tr><td colspan="2"></td><td colspan="2"></td></tr>
<tr><th colspan="2">내가 쓴 개요서 분석</th><th colspan="2">다른 사람이 쓴 개요서 분석</th></tr>
<tr><th>예상 질문</th><th>장점 및 단점</th><th>예상 질문</th><th>장점 및 단점</th></tr>
<tr><td></td><td></td><td></td><td></td></tr>
<tr><th>추가 할 내용</th><th>빼야 할 내용</th><th>추가 할 내용</th><th>빼야 할 내용</th></tr>
<tr><td></td><td></td><td></td><td></td></tr>
</table>

2. [적조] 논제 개요서 작성 연습

1) 적조 개요서 작성

다음 순서를 따라서 개요서를 작성해 봅니다. 개요서 작성 양식의 큰 틀은 주장, 문제원인의 분석, 해결방안으로 작성합니다. 하지만 각자 주장을 비롯한 본문내용을 더 효과적인 정리 방식으로 내용이 눈에 잘 들어올 수 있도록 작성하면 되므로 개요서 예시와 달라도 형식은 달라도 됩니다.

첫째, 논제를 분석하세요.

둘째, 논제에 관련된 자료를 찾아보세요. 사료를 찾고 개요서에 넣을 자료의 출처도 정리해야 합니다.

셋째, 찾은 자료들의 주요한 내용들을 정리 놓습니다.

넷째, 문제 원인들을 분석하고 정리한 내용을 작성합니다.

다섯째, 해결방안들에 대한 아이디어를 정리하고 이를 뒷받침할 수 있는 과학적인 근거를 찾습니다.

여섯째, 문제를 해결하기 위한 과학적인 탐구 방법을 생각해보고 정리해봅니다.

일곱째, 과학적인 탐구 방법과 해결방안을 쉽게 설명할 수 있는 방법을 더 생각하고 그림이나 설계도를 그려보아도 좋습니다.

여덟째, 문제원인과 해결방안을 요약하여 한 문장의 주장을 작성합니다.

(논제 1)

적조의 피해를 줄이기 위한 세 가지 방안을 면밀하게 분석하여 우리나라의 자연환경, 적조 피해 정도, 적조 발생 원인 등과 관련 지어 각 방안에 대한 장단점을 토론해 봅시다.

(논제 2)

세 가지 방안 중 하나를 선택한 후, 이를 보완하여 대안을 제시하여 봅시다. 단, 캠페인과 같은 사람들의 인식 개선을 요구하는 추상적인 해결 방안은 지양하고 과학적이며 창의적인 방안을 제시합니다.

2) 적조 개요서 예시

Ⅰ. 주장

생활폐수 및 기후변화, 무분별한 개발로 인해 발생하는 녹조와 적조는 경제적손실과 생태계 파괴를 초래하므로, 용존산소급속증가 장치와 그물망, 친환경적으로 폐수 정화장치개발 활용을 통해 해결해야 한다.

Ⅱ. 문제원인의 분석

가. 녹조와 적조의 생성 원인

1) 녹조 현상이란? : 부영양화 된 호수나 하천에서 녹조류나 남조류가 크게 번식하는 현상

2) 적조 현상이란? : 부영양화 된 바다에서 갈색을 띠는 조류의 증식으로 붉게 물드는 현상

3) 부영양화란?

: 강이나 호수에 생활하수나 가축분뇨 등 이 유입되어 질소와 인과 같은 영양염류가 풍부해진 것

4) 녹조와 적조의 발생원인 차이

가) 녹조: 하천이나 호숫가에 생기며, 생활하수에 국한 됨

나) 바다에서 생기며, 폐수 외에도 간척사업으로 인한 갯벌축소의 영향으로 생김.

5) 기후변화로 인한 원인 : 수온 상승으로 인한 미생물 증식과 바람이 적게 불어 바닷물이 잘 안 섞임.

나. 녹조와 적조가 생활에 미치는 영향

1) 생태계 파괴로 인한 경제적 손실

가) 수중생물의 폐사: 조류의 증식으로 인한 용존산소량 감소 때문임

ex) 1995년 어패류 1297만 마리 폐사, 307억원의 재산피해

2013년 어패류 2800만 마리 폐사, 250억원의 재산피해

나) 4대강 사업으로 인한 유속 변화로 인한 녹조의 증가

2) 주변 환경변화에 따른 불편한 점

가) 한강 주변 녹조 현상 증가로 인한 악취 증가

나) 녹조 발생 지역 환경 변화로 인한 관광수요 감소

다) 민물고기 수 감소로 인한 생태계 변화로 주변 상권 축소

Ⅲ. 창의적인 해결 방안

가. 정책정인 해결 방안

1) 환경 세금 부가: 생활하수 배출량 점검 및 기준량 초과시 세금 부가

2) 부영양화를 일으키는 세제 및 샴푸 등의 가격 조정으로 인한 소비세 증가

3) 각 농가나 공장의 오염수를 정화를 위한 설비 지원 및 점검

나. 기술적인 해결방안

1) 용존산소량 급속 발생기 개발

- 녹조&적조로 인한 어패류 폐사 방지
- 방법: 기존 어항 속 산소발생장치를 대용량으로 개발

2) 조류 및 녹조류의 천적 이용

- 녹조 및 적조 원인 생물을 먹고 사는 동물을 이용
- 어항 속 이끼를 먹는 물고기 활용

3) 녹조류와 적조류를 활용한 비료 개발

- 급속 흡입기를 이용하여 녹조류와 적조류를 모아서 발효미생물을 이용하여 제조

4) 황토 살포 시 발생하는 2차 오염 감소 방안

- 황토와 뭉친 녹조류와 적조류를 걸러낸 물질은 담는 나무틀로 만든 촘촘한 그물바구니를 제작함.

5) 생활폐수 정화 시스템 보완 및 친환경 기법 추가

- 생활폐수 속 유기물을 정화하는 미생물 배양 후 활용
- 각 지역마다 생활폐수 정화 시스템 강화(아파트단지, 공공기관, 학교, 등등)

6) 융합적인 녹조&적조 해결 방안

위의 1)~4)까지의 방법을 복합적으로 이용해서 바다 및 하천에 발생한 적조와 녹조 발생 시 신속한 처리를 도움.

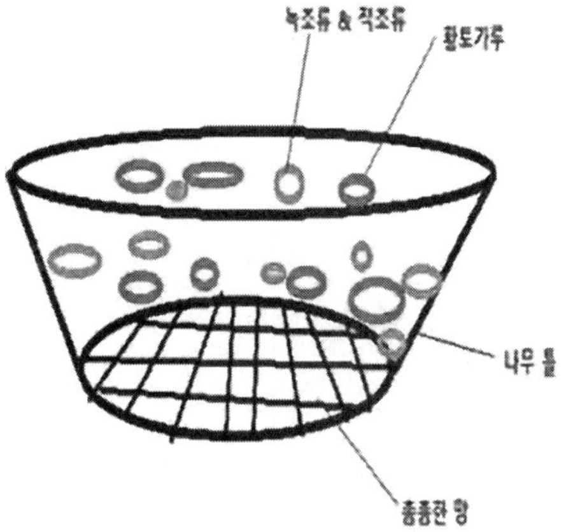

3) 적조 개요서 분석 및 수정 보완

<table>
<tr><th colspan="4">내가 쓴 개요서와 다른 사람이 쓴 개요서 분석</th></tr>
<tr><td colspan="2">비슷한 점</td><td colspan="2">다른 점</td></tr>
<tr><td colspan="2"></td><td colspan="2"></td></tr>
<tr><td colspan="2">내가 쓴 개요서 분석</td><td colspan="2">다른 사람이 쓴 개요서 분석</td></tr>
<tr><td>예상 질문</td><td>장점 및 단점</td><td>예상 질문</td><td>장점 및 단점</td></tr>
<tr><td></td><td></td><td></td><td></td></tr>
<tr><td>추가 할 내용</td><td>빼야 할 내용</td><td>추가 할 내용</td><td>빼야 할 내용</td></tr>
<tr><td></td><td></td><td></td><td></td></tr>
</table>

3. [물부족] 논제 개요서 작성 연습

1) 물부족 개요서 작성

다음 순서를 따라서 개요서를 작성해 봅니다. 개요서 작성 양식의 큰 틀은 주장, 문제원인의 분석, 해결방안으로 작성합니다. 하지만 각자 주장을 비롯한 본문내용을 더 효과적인 정리 방식으로 내용이 눈에 잘 들어올 수 있도록 작성하면 되므로 개요서 예시와 달라도 형식은 달라도 됩니다.

첫째, 논제를 분석하세요.
둘째, 논제에 관련된 자료를 찾아보세요. 자료를 찾고 개요서에 넣을 자료의 출처도 정리해야 합니다.
셋째, 찾은 자료들의 주요한 내용들을 정리 놓습니다.
넷째, 문제 원인들을 분석하고 정리한 내용을 작성합니다.
다섯째, 해결방안들에 대한 아이디어를 정리하고 이를 뒷받침할 수 있는 과학적인 근거를 찾습니다.
여섯째, 문제를 해결하기 위한 과학적인 탐구 방법을 생각해보고 정리해봅니다.
일곱째, 과학적인 탐구 방법과 해결방안을 쉽게 설명할 수 있는 방법을 더 생각하고 그림이나 설계도를 그려보아도 좋습니다.
여덟째, 문제원인과 해결방안을 요약하여 한 문장의 주장을 작성합니다.

〈 논제 〉 물 부족 문제를 물의 순환과 재이용에 의한 물 보존 관점에서 다음 제 시하는 조건을 충족하며 내가 사는 지역에 적용 가능한 과학적이고 창의적인 해결방안을 제시 하시오.

● 고효율 저비용이며 영구적으로 사용가능.
● 주변 환경에 순기능 효과와 2차 환경파괴 및 새로운 오염 발생금지.
● 자원과 에너지 사용 최소 및 재활용 기능.

2) 물부족 개요서 예시

Ⅰ.주장

인구에 비해 물 사용량이 많지만 물 절약이나 활용성이 떨어지기 때문에 빗물 흡작 활용, 녹지 증대 및 증산작용을 활용한 정적기술 활용, 사용한 물의 정화 및 재활용과 물 사용량 데이터 어플리케이션 개발을 통해 해결해야 한다.

Ⅱ. 문제원인의 과학적인 분석

가. 용어정리

1) 중수: 보통의 물보다 분자량이 큰 물. 사해(死海) 또는 심해(深海)의 물, 어떤 종의 생체 내 에서는 중수가 약간 농축되어 있음.
2) 우수: 오염되지 않은 배수로, 짧은 시간에 많은 양을 배수해야 하기 때문에 대부분 직접 하천에 방류시킴.
3) 지하수: 땅속의 지층이나 암석 사이의 빈틈을 채우고 있거나 흐르는 물

나. 기존 물 부족 해결 방안의 문제점 & 대책

1) 물 절약 관점

가) 생활 속 물 낭비 사례: 샤워 & 양치, 세숫물 등 사용 시 물 낭비, 변기

나) 물절약 관점에서의 문제점 해결 방안

세탁기 마지막 헹굼물의 활용, 제습기에 포집된 물 활용, 집집마다 물조절 센서 설치, 변기 용수의 사용량 최소화 (대변 모아 급속 냉각 후 큐빅 형태로 비료로 이용)

2) 지하수의 처리와 활용의 문제점

가) 지하수의 과다 사용으로 인한 싱크홀 발생 위험

→ 지하수가 빠져나간 자리의 안정성 회복 장치 설치(흙을 채움, 기둥 세움 등)

나) 지하수의 오염정도 파악 정확도에 대한 신뢰 부족

→ 정기검사실시 강화(전문가 활용, 기존 수질 검사 전문 업체 활용)

→ 오염된 지하수의 활용성 낙후(오염된 지하수의 상태에 따른 정화 방식 분석을 통한 정화시킴)

다) 지하수의 생성 위치 파악에 대한 어려움

- 지질학자와 지하수 전문가를 활용한 지질 연구
- 현재 우리나라의 지하수 총량 조사를 통한 활용 계획 세워 실행 추진
- 국가적 차원에서 일은 진행해야 함.
- 로봇이나 인공지능, 빅데이터를 활용한 탐사 & 정보 수집을 통한 과학적이고 사실적인 실태 조사
- 지하수의 활용을 서로 공유할 수 있게 하는 시스템 도입

예) 지하수가 많은 곳의 물을 지하수가 부족한 지역에 공급하고 이를 통한 경제적인 부가 가치를 내게 하여서 경제적인 소득 발생을 통한 순환이 이루어지게 함.

3) 우수의 활용성 문제

가) 빗물이 넘쳐흐를 때 대규모 방류함. 이 물을 모으기 어려움.

나) 구덩이를 파서 빗물을 모을 수 있는 장치 설치.(구덩이 속 오염방지용기 설치)

- 구덩이를 파고 남은 흙은 다른 곳에 흙이 필요한 곳에 재활용

Ⅲ. 창의적인 해결방안

가. 고효율 저비용 & 영구 활용 방안

1) 각 건물 및 아파트, 공공 기관 건물 옥상 활용한 빗물 포집

2) 빗물 흡착 물질 활용

가) 거대한 스펀지 활용 - 재활용 가능 (홍수 발생 시 흡착된 이물질은 바닷물로 세척)

나) 고흡수성 수지 활용(100~1000배 이상 흡착)

- 농사짓는 곳, 숲속 식물에 필요한 수분공급
- 물 부족 국가에 수출을 통한 경제적 가치 활용

다) 땅을 파서 비닐로 된 용기를 활용한 빗물 포집

나. 주변 환경에 순기능 효과와 2차 환경 파괴 및 새로운 오염 발생 금지 방안

1) 지방 도시의 녹지 개발확대-> 지하수 생성 증대 및 활용 증가 유도

2) 도심 속 녹지 확대 와 보호 및 지하수 생성 증대 및 활용 증가

- 녹지 확대를 통한 공기 정화 기능 증가, 홍수 예방, 미세먼지 흡착 효과

3) 녹지 속 나무의 증산작용을 활용한 물 채취

- 나무의 잎을 감싸는 투명비닐덮개를 이용한 수증기 액화 현상 활용

다. 자원과 에너지 사용 최소 및 재활용 가능 방안

1) 바닷물 활용

가) 바닷물을 역삼투압을 활용한 담수화 작용(이때 필요한 전력을 온도차 발전이나 조력발전으로 횔용하여 에너지 사용량 줄인)

나) 워터파크 나 외부 수영장 속 물을 바닷물 정화 후 활용.

다) 강물과 바닷물이 만나는 곳의 민물을 모아서 정화 후 활용할 장치 설치

2) 오물 및 폐수의 활용

가) 진공 흡입 식 대변 포집 장치 설치 확대

나) 각 가정의 폐수 정화 장치 설치 확대

- 1차 정화된 폐수를 모아서 변기 내리는 물 및 주변 화단에 물 주는 용도로 활용

다) 세탁기 및 설거지 하고 마지막 헹굼 물을 따로 내보내는 관 설치

- 비교적 오염이 덜 된 물을 모아서 정화시켜서 공업용수로 재활용할 수 있도록 공급 (이렇게 활용한 물은 다시 공장에서 정화하여 방류하도록 철저히 관리)

라. 생활 속 물 절약 방안

1) 하루 동안 4인 가족 기준으로 사용할 수 있는 물의 양의 기준치 제시

2) 집안에 사용하는 물 사용량이 어플리케이션으로 확인하게 함.(의무적으로 깔게 함)

- 집집마다 사용한 물 사용량에 대한 정보 수집을 활용한 빅데이터로 물사용량 확인 및 물 사용 요금 확인 할 수 있는 어플리케이션 개발 활용
- 물 절약에 대한 중요성과 경각심 유발 유도

마. 적정기술 활용방안

- 호수형 필터 빨대를 활용한 오염수 정화
- 호수형 필터 빨대의 물 빨아올리는 원리는 식물의 증산작용 응용
  (호수 속 물 채운 후 반대쪽에 솜&거즈를 이용한 수분 증발 연속 발생 시키면서 물의 자연스러운 이동 유발)
- 이 호수를 농가의 과수원 등에 식물의 물 보급에 이용
- 폭염 시 이 물을 땅에 뿌려서 주변 온도 하강에 기여(수분 증발로 기화열흡수이용)

3) 물 부족 개요서 분석 및 수정 보완

내가 쓴 개요서와 다른 사람이 쓴 개요서 분석			
비슷한 점		다른 점	
내가 쓴 개요서 분석		다른 사람이 쓴 개요서 분석	
예상 질문	장점 및 단점	예상 질문	장점 및 단점
추가 할 내용	빼야 할 내용	추가 할 내용	빼야 할 내용

3. [미세플라스틱] 논제 개요서 작성 연습

1) 미세플라스틱 개요서 작성

다음 순서를 따라서 개요서를 작성해 봅니다. 개요서 작성 양식의 큰 틀은 주장, 문제원인의 분석, 해결방안으로 작성합니다. 하지만 각자 주장을 비롯한 본문내용을 더 효과적인 정리 방식으로 내용이 눈에 잘 들어올 수 있도록 작성하면 되므로 개요서 예시와 달라도 형식은 달라도 됩니다.

첫째, 논제를 분석하세요.
둘째, 논제에 관련된 자료를 찾아보세요. 자료를 찾고 개요서에 넣을 자료의 출처도 정리해야 합니다.
셋째, 찾은 자료들의 주요한 내용들을 정리 놓습니다.
넷째, 문제 원인들을 분석하고 정리한 내용을 작성합니다.
다섯째, 해결방안들에 대한 아이디어를 정리하고 이를 뒷받침할 수 있는 과학적인 근거를 찾습니다.
여섯째, 문제를 해결하기 위한 과학적인 탐구 방법을 생각해보고 정리해봅니다.
일곱째, 과학적인 탐구 방법과 해결방안을 쉽게 설명할 수 있는 방법을 더 생각하고 그림이나 설계도를 그려보아도 좋습니다.
여덟째, 문제원인과 해결방안을 요약하여 한 문장의 주장을 작성합니다.

〈논제〉
미세 플라스틱이 지구상의 생태계는 물론 인류의 생존을 위협하고 있다. 미세플라스틱의 문제를 과학적으로 분석하고, 이를 해결할 수 있는 방안을 과학적이고 창의적으로 제시하시오.

2) 미세플라스틱 개요서 예시

Ⅰ. 주장

미세 플라스틱의 사용을 규제하거나 막아도 플라스틱 사용을 완전하게 없애지 않는다면 잠재적으로 해양오염과 생태계에 악영향을 줄 수 있다. 그래서 지속적으로 플라스틱 쓰레기 수거 및 관리를 철저하게 하고 플라스틱을 대체 할 수 있는 친환경 및 생분해가 잘 되는 신소재를 개발해야 하며, 자석그물을 이용한 정기적인 바다 살리기 운동 크루즈를 운행하게 한다.

Ⅱ. 문제원인의 과학적인 분석

1) 미세 플라스틱의 정의

5mm 미만의 작은 플라스틱으로 처음부터 미세 플라스틱으로 제조되거나, 플라스틱제품이 부서지면서 생성

가. 버려지는 플라스틱은 햇빛에 의해 약해지고, 바람이나 작은 플라스틱 조각으로 부서짐.

나. 전 세계 바다로 유입되는 플라스틱은 800만 톤, 작으면 작을수록 인류에게 위협

다. 미세 플라스틱은 없어지지 않는다. 물로 씻어서도 단순히 없어지지 않는다.

〈출처: 해양환경관리공단, 2015〉

2) 해양 환경의 잠재적인 영향

가. 미세 플라스틱과 잔류성 유기 오염물질로 인해 잠재적인 피해 발생

나. 플라스틱 섬을 발견함. 쓰레기 섬이 점점 커지고 있음. 우리나라는 세계 평균의 12배이다.

다. 바다거북의 80퍼센트가 미세플라스틱을 먹음. 나노 입자 형의 미세 플라스틱으로더 심각.

라. 해파리를 좋아하는 바다거북이 비닐봉지를 해파리로 착각하고 먹음.

3) 미세 플라스틱이 생물에 미치는 영향

가. 남해안에서 잡은 해산물 대부분에서 미세 플라스틱이 발견됨.

나. 겟지렁이 등을 잡아 분석함. 개 당 예순한 개의 미세 플라스틱이 발견

다. 미세 플라스틱을 넣은 통에 40일 동안 바다에 사는 생물체를 넣어서 연구 분석 결과가 건강이 안 좋아진 것으로 나옴.

4) 미세 플라스틱이 생성된 원인 및 영향

가. 미세플라스틱은 말 그대로 미세, 플라스틱 (미세하게 작은 플라스틱) 나. 물속에서 움직이며 부딪힐 때 작아짐. 스티로폼이 해변까지 밀려들어옴. 해상오염 세계 최고 수준 다. 유해성. 바다나 강에 사는 물고기나 강바닥에서 찌꺼기를 먹는 물고기의 장기가 막혀 죽을 수 있음.

라. 우리가 그 물고기를 먹게 된다면 우리에게 피해이다.

Ⅲ. 창의적인 문제 해결 방안

1) 국가적인 차원의 미세 플라스틱 감소 방안

가. 화장품 판매 금지 (미세 플라스틱 사용한 화장품) (세안료) 미세 플라스틱이 자연에 배출되었을 때 심각한 영향을 미칠 수 있음. 우리나라도 판매 금지할 예정.

나. 플라스틱 쓰레기 분리수거 철저하게 관리하고 법적으로 규제를 더 강화 함.

다. 플라스틱을 대체할 수 있는 생분해성 용기에 대한 연구 ,더 심각한 상황이 오기전 정부가 발빠르게 해결해야 함.

2) 과학적인 기술로 미세 플라스틱 감소 방안

가. 자석 그물로 해양에 떠다니는 플라스틱 쓰레기 수거 방안

쓰레기 섬의 규모만큼이나 많은 양의 플라스틱 쓰레기들이 자연환경을 지속적으로 파괴 할 것 이므로 자석 그물을 비롯한 다양한 방법을 활용하여 최대한 효율적으로 쓰레기섬의 확장을 막아야 함.

나. 자석 그물의 원리

자석이 달린 그물을 약 90제곱미터로 만들어서 플라스틱 쓰레기가 떠 있는 곳에 던져서 펼쳐 놓고 자석이 서로 당기는 힘을 이용해서 그물이 둥글게 뭉쳐진다. 이 뭉치들도 자석의 당기는 힘으

로 서로 연결시키게 되고 이것을 수거하는 배에 실어서 플라스틱 재활용 공장에 보내서 다시 활용한다. 〉

다. 자석 그물로 쓰레기 섬에 있는 쓰레기 이탈 방지 방안

자석 그물을 통해 수거한 많은 양의 플라스틱 쓰레기를 많은 나라들이 적극적으로 재활용 하는데 앞장서며 그로 인한 경제적인 부가 가치를 생산해야 한다. 자석 그물은 북태평양 바다의 쓰레기섬에 있는 쓰레기를 없애는 데 이용할 수 있을 뿐만 아니라 우리 주변의 바다에 있는 쓰레기를 수거하는 데에도 충분히 활용할 수 있을 것이다.

다. 천연 플라스틱 소재 개발

자연적으로 분해가 잘 되는 소개, 석유계 폴리머와 같은 생분해성재료의 생산에 사용할 수 있는 재생가능 한 천연 폴리머가 현재 개발 중이지만 더 노력, 천연 소재 속 플라스 틱 대체 물질 개발 해야 함.

①천연 고분자(셀룰로오스, 녹말, 고무, 효소, 단백질 등)

②미생물 고분자(미생물이 만들어내는 생산고분자에는 셀룰로오스, 푸룰란, 커들란, 크산탄 등과 폴리글루탐산, 폴리라이신, 폴리아미노산, 폴리히드록시 알카노에이트와 같은 공중합체 고분자

③화학합성고분자(화학합성 성분이 들어간 생분해성 고분자에는 지방족 폴리에스터, PCL, PGA, PLA 등이 포함)

라. '환경 살리기 여행 패기비 크루즈'를 정기적으로 운행

①미세 플라스틱 수거를 목적으로 하는 배를 바다에 정기적으로 움직이게 함. 그물이 나 흡착장치 이용.

②해양 생태계 살리기 운동을 위한 단체 모집 및 해양 생태계 살리기 + 여행 상품을 패키지로 만들어서 전 세계적으로 해양 생태계의 파괴와 오염의 심각한 상황을 알리도록 하며, 함께 환경 살리기 운동을 실천할 수 있게 함. 태평양의 아름다움을 동시에 보게 해서 환경에 대한 사랑하는 마음을 더욱 높이도록 함.

3) 천연 물질을 이용한 미세 플라스틱 대체 방안

가. 소금으로 이를 닦는다.

나. 견과류 껍질을 말린 가루를 사용한다.(미세 플라스틱으로 얼굴을 닦는 대신)

다. 탄산수 소듐'을 사용. (베이킹파우더) 하지만 피부 손상이 가능하다.

라. 천연 제품으로 만든 화장품 사용 확대 (비용이 비싼 경우 정부가 지원)

4) 생활 속 미세 플라스틱 감소 방안

가. 합성 세제 사용 줄이기 → 천연세제 사용을 늘린다.

나. 미세 플라스틱 사용이 들어 있는지 알아보는 방법 전파 (불법 기업 불매 운동)

→ 물에 녹였을 때 잘 녹지 않는 알갱이

다. 일회용 플라스틱 사용을 줄인다. (정부가 법적으로 규제)

라. 쓰레기 분리수거 및 불법적으로 쓰레기를 바다에 버리는 행동 줄이기

마. 미세플라스틱 걱정 없는 설거지 사용 -> 천연 수세미!

3) 미세플라스틱 개요서 분석 및 수정 보완

내가 쓴 개요서와 다른 사람이 쓴 개요서 분석			
비슷한 점		다른 점	
내가 쓴 개요서 분석		다른 사람이 쓴 개요서 분석	
예상 질문	장점 및 단점	예상 질문	장점 및 단점
추가 할 내용	빼야 할 내용	추가 할 내용	빼야 할 내용

4. [생체인식기술]논제 개요서 연습

1) 생체인식기술 개요서 작성

<논제>
생체인식 기술은 현재 많은 관심을 받고 있는 기술 중 하나이다. 자신의 신체를 활용해 갖가지 보안을 설치하는 시스템으로 되어 있다. 여기서 생체 기술은 어떤 문제점이 있고, 또 계속 쓰여야 할지 토론해 볼 필요가 있다.

2) 생체인식 기술 개요서 예시

Ⅰ.주장

생체 인식 기술은 얼마든지 위조할 수 있다. 현재 위조 시스템이 훨씬 진보된 관계로, 지속되면 심각한 대참사가 초래될 것이다. 그러니 다른 기술로 생체인식 기술을 대체해야 한다.

Ⅱ. 문제 원인의 과학적인 분석

1) 용어 분석

가. 생체 인식: 생체 인식은 사람의 측정 가능한 신체적, 행동적 특성을 추출하여 본인 여부를 비교, 확인하는 기술을 말한다. 즉, Biometrics는 신체 특성 또는 행위 특성을 자동적으로 측정하여 신원을 파악하는 것으로 정의된다. 국내의 생체인식포럼에서는 행동적, 생물학적 (해부학적, 생리학적) 특징의 관찰에 기반한 사람의 인식으로 정의한다.

나. 지문: 손가락의 끝 마디에 있는, 곡선이 만드는 무늬를 말한다. 손가락의 끝 마디를 물체에 대고 누르면 표면에 이 곡선 무늬가 남는데 이러한 흔적을 말하기도 한다. 이 무늬는 평생 변하지 않으며 모든 사람이 각기 다른 모양을 가진다.

2) 생체 인식의 문제점

가. 지문 모방 가능 : 지문은 개인마다 다르지만, 뉴욕대학교는 이 기술에 의문을 가지고 연구해온 결과, 마스터 지 문을 만들어 5번 안에 65%의 확률로 잠금을 해제했다.

나. 홍채 기술 해킹 가능 : 홍채 역시 사람마다 다르고, 모방 위험도 없지만, 디지털 카메라로 찍은 사진을 contact 렌즈 와 결합하여 가짜 홍채를 만들어낸다. 이것으로 보안을 해제하는 것은 겨우 1분 남짓이다.

3) 원인

가. 지문 인식: 대게 지문 인식은 지문 전체를 확인 하는 것이 아니다. 작은 센서를 통해 지문 일부분만 캡처해 분석한다. 하지만 8000개가 넘는 지문을 통해 공통점이 많은 부분을 추출 해 만든 지문으로 65%의 확률로 잠금을 해제한다.

나. 홍채 인식: 홍채는 사람과 대화할 데도 볼 수 있는 간단한 것이다. 이것을 찍고, 그대로 기 기에 접속해 인식시키면 끝이다. 쉽게 노출시킬 수 있는 결정적 허점이 있는 것이다.

Ⅲ. 과학적인 해결방안

1) 모방할 수 없는 생체 인식 칩

생체 인식은 방대한 데이터가 필요하다. 숫자와 기호가 적힌 생체 인식 칩을 만들어 손목에 인식한다. 그러게 되면 잃어버리지 않을 뿐 더러, 숫자와 기호 등으로 쉽게 구별 할 수 있다. 현재 이 기술은 계좌 번호나 신용 카드 등으로 쓰여, 효용성을 인정받고 있다.

2) 구강구조로 분석

절대 바뀌지 않는 것은 치아구조이다. 사람이 죽어도 뼈는 남는데, 그때 아무리 자연적으로 바뀌지 않은 것이 바로 치아구조이다. 예로 들어, 소각된 히틀러의 시신을 찾을 때도 치아 구 조로 찾았다. 이처럼 좀처럼 훼손되지 않는 구강 구조로 보안을 만드는 것도 좋은 해결 방안 이다.

3) 얼굴 전체를 분석

홍채 같은 작은 부분으로만 하지 말고 크게 보자. 눈에서 코까지, 코에서 입까지 의 길이는 사람 마다 다르다. 안면 전체 인식으로 통해 자세히 분석해 데이터를 수집한다. 쉽고 간단한 방법이다.

3) 생체인식기술 개요서 분석 및 수정 보완

내가 쓴 개요서와 다른 사람이 쓴 개요서 분석			
비슷한 점		다른 점	
내가 쓴 개요서 분석		다른 사람이 쓴 개요서 분석	
예상 질문	장점 및 단점	예상 질문	장점 및 단점
추가 할 내용	빼야 할 내용	추가 할 내용	빼야 할 내용

5.[기후변화] 논제 개요서 연습

1) 기후변화 개요서 작성

<논제>

인간의 산업 활동의 결과로 배출된 막대한 이산화탄소 때문에 지구 온난화 현상이 일어난다고 주장하는 과학자들이 있다.

반면 대기의 먼지 증가로 태양열 유입이 방해를 받아 지구의 온도가 낮아진 다거나, 지금 우리가 빙하기 사이의 간빙기에 있기 때문에 지구의 온도가 올라간다고 보는, 지구의 온도변화가 자연적인 현상임을 주장하는 과학자들이 있다.

어떤 과학자들의 의견이 더 맞다고 생각하느냐에 따라 정책을 결정하거나 사람들이 미래를 위해 노력하는 방향이 달라집니다.

과학자들 사이의 이러한 의견 불일치에 대해 깊이 고민해 본 후, 제공된 자료에 근거하여 여러분은 어떤 입장이 더 맞다고 생각하는지 정한 후 그것을 옹호해 보라

2) 기후변화 개요서 예시

Ⅰ.주장

지구온난화는 산업화로 인한 인류의 화석 연료의 사용과 온실 기체 농도의 증가에 의해 일어나는 지구상의 점진적인 자연 재해이다.

Ⅱ.논제의 정의 및 문제 원인에 대한 과학적 분석

1) 지구온난화의 정의

a. 지구 온난화를 19세기 후반부터 시작된 전 세계적인 공기의 기온 상승이라고 정의함.

b. 지구온난화: 인간의 활동으로 인하여 발생한 이산화탄소, 메탄가스, 아산화《America's Climate Choices》. Washington, D.C.: The National Academies Press. 2011. 15쪽. ISBN 978-0-309-14585-5

(대한민국 산림청: 지구온난화란 무엇인가)

질소, 오존 및 프레온가스 등으로 인하여 대기 중의 온실가스 농도가 증가함에 따라 지구에서 방출되는 열이 우주로 빠져 나가지 못하고 온실가스에 과다하게 흡수되어 지구의 열 균형에 변화가 발생함으로써 '자연적 온실효과'에 의한 적절한 온도보다 지나치게 더워지는 현상.

2) 지구 온난화의 원인에 대한 과학자들 사이의 의견 불일치의 내용과 갈등이 일어나는 이유

a. 지구 온난화의 회의론자는 5%, 행동론자는 95%로, 이 때 회의론자는 지구 온난화를 지극히 자연적인 현상으로 보고 있다. 반면, 행동론자는 이의 원인을 인간의 산업 활동 등의 인공적 활동으로 인해 일어난다고 보아 시급한 해결책을 제시.

b. 역사서 등을 기초로 하여 분석한 과거의 기온 변화와 현재 지구상에서 나타나고 있는 기온의 변화가 사뭇 비슷하게 보임.

3) 인류의 활동에 의한 지구 온난화 분석

a. 역사상으로 보여지는 지구의 기온 변화와 현재 지구의 기온 변화 비교-분석

(존 쿡 외, 인간이 야기한 지구 온난화에 대한 공감대 추정)역사서에 따르면 현재 이전의 간빙기에서도 지금과 비슷한 형태의 기온 변화가 있었다고 보임.

-그러나 당시 역사서가 발행되었을 당시에는 정확한 온도의 측정 기준이 존재하지 않았으며 현재의 온도 측정 기준과 매우 상이하기 때문에 신빙성이 부족함.

-또한 중세 등의 과거에 일어난 기온의 변화는 현재의 모습과는 다름

-그 당시와는 달리 현재 일어나고 있는 기온의 상승 현상은 자연적 현상으로 치부하기에 다소 급격하다고 판단을 내릴 수 있음.

b. 인류의 산업적 활동과 이를 함으로써 발생되는 온실 가스 등으로 인해 일어나는 지구 온난화의 심각성

-IPCC 5차 평가보고서에서는 20세기 중반 이후 지표면 평균온도 상승의 가장 큰 원인은 인간 활동이며 95% 이상의 확률로 매우 신뢰할 만하다고 지적하고 있음.

-산업 혁명 이후 인간의 활동들은 이산화탄소, 메탄, 대류권 오존, 프레온 기체, 아산화질소 등의 오존 기체 발생량이 많아짐.

-이산화탄소와 메탄 온실 기체는 1750년 이후 36%와 148% 증가함.

-이러한 수준은 아이스 코어(ice core)로 측정한 신뢰 가능한 자료로 지난 80만 년간 증가 수준보다 매우 높음.

-지난 2000만년보다 이산화탄소 수치가 더욱 높음.

-화석 연료는 인간이 지난 20년간의 이산화탄소 생산 수치의 4분의 3을 차지함.

-나머지 상승분은 지표면의 변화, 특히 벌목으로 인해 발생한 결과.

c. 자연적인 원인으로 인해 일어나는 기온 변화와 실제 지구 온난화의 차이

-태양 표면의 흑점 폭발로 인해 지구의 오존층이 파괴되고 그 때문에 기온이 상승하게 된다는 이론.

-이런 주장을 하는 과학자들은 지구의 온도가 높았던 때와, 태양 흑점 폭발 시기가 일치한다는 점을 듦

-태양의 온도는 수십 년에 걸쳐서 변화하는 것이 정상.

-하지만, 태양의 온도가 미치는 영향은 지구의 온도 변화에 영향을 거의 미치지 못함.

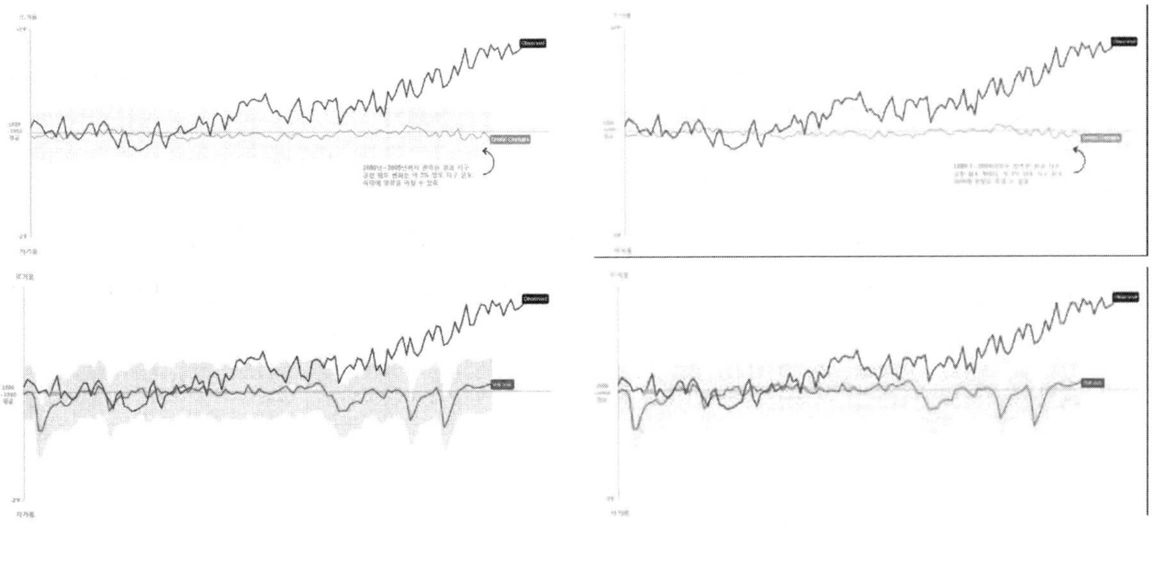

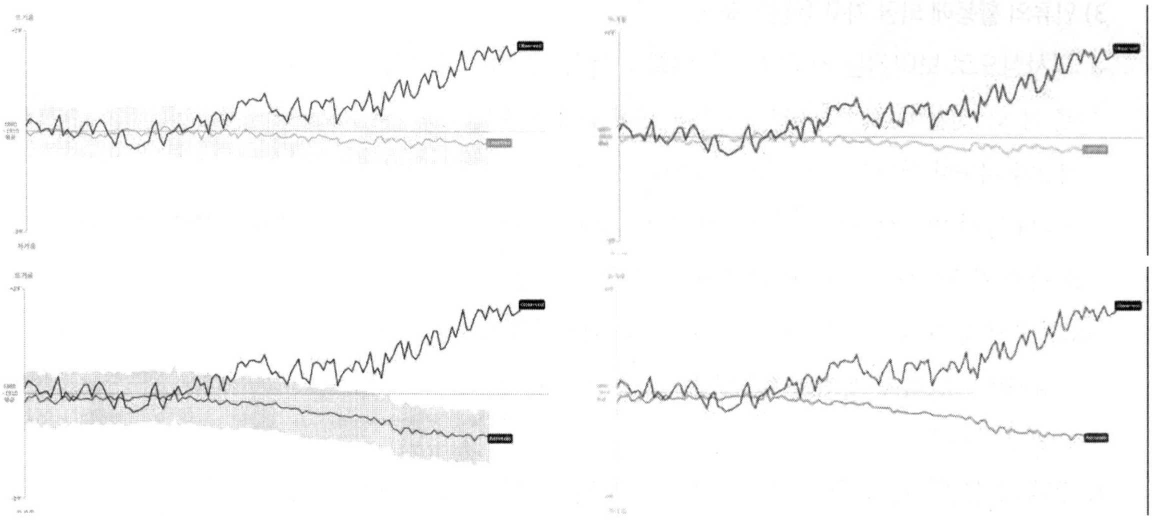

-위 4개 그래프는 각각 지구의 공전 궤도, 화산 활동, 산림 벌채, 미세먼지와 실제 지구 온도의 변화를 비교하여 나타냄.

4) 인간의 활동으로 인한 지구 온난화 2017.1.19.10:13am, 연합뉴스 "2016년도 지구 역사상 가장 뜨거웠다. 인간이 지구온난화의 주범이다."

-NASA 기후학자 게빈 슈미트: "지구 온도 상승의 80~~90%는 장기적인 경향이며 10% 정도가 엘니뇨(적도해수온상승)와 같은 자연적인 가변성에 따른 것"

-'장기적인 경향': 인간이만들어낸 기후 변화를 가리키는 것

-석유, 천연가스, 석탄 소비에 따른 온실가스 효과가 지구 온난화로 직결됨.

-즉, 인간의 책임이 80~90%에 달함.

-"올해 엘니뇨가 영향을 미쳤지만 2015년과 2016년 모두 엘니뇨가 없었다 하더라도 기록을 세웠을 것"

Ⅲ. 국제적인 지구온난화 대비 정책

(1) 지구온난화IEA 소장 Maria van der Hoeven: ""이대로 가면 지구 온도 상승이 섭 씨 3.6-5.3도(화씨 6.5-9.5도)에 이를 것임.""

(2) IEA 보고서: 화석 연료 사용에 따른 이산화탄소 배출량이 작년에 비해 1.4% 증가 한 316억 톤을 기록하였음.

(3) 지구온난화를 막기 우한 국제 협약

a. 교토 의정서(Kyoto Protocol): 2007년에 인도네시아 발리 섬에서 열린 발리기후회의

-해수면 상승, 빙하 해빙, 가뭄, 기후 변화 등으로 인한 난민들의 이주로 곤란을 겪을 것이라고 경고.

Ⅳ. 참고문헌

《America's Climate Choices》.

Washington, D.C.: The National Academies Press. 2011. 15쪽.

ISBN 978-0-309-14585-5

(대한민국 산림청: 지구온난화란 무엇인가

김상지, 에너지 경제 "그들은 왜 기후변화를 부정할까", 2017.06.22

존 쿡 외, 인간이 야기한 지구 온난화에 대한 공감대 추정

http://www.rosetwo.pe.kr/energy/txt/1-2h.htm

서프라이즈' 지구 온난화, 조 프레이져 '집중 조명'

투데이코리아: 2009년 9월 27일1979년부터 2006년까지 위성으로 관측한 총 태양 복사량.

2017.1.19.10:13am, 연합뉴스

""2016년도 지구 역사상 가장 뜨거웠다. 인간이 지구온난화의 주범이다."

3) 기후변화 개요서 분석 및 수정 보완

내가 쓴 개요서와 다른 사람이 쓴 개요서 분석			
비슷한 점		다른 점	
내가 쓴 개요서 분석		다른 사람이 쓴 개요서 분석	
예상 질문	장점 및 단점	예상 질문	장점 및 단점
추가 할 내용	빼야 할 내용	추가 할 내용	빼야 할 내용

6. [자율주행자동차] 논제 개요서 연습

1) 자율주행자동차 개요서 작성

<논제>

자율주행자동차의 장단점, 상용화 시 다양한 관점에서 방안 제시

2) 자율주행자동차 개요서 예시

Ⅰ.주장

자율주행자동차가 상용화가 되면 정확한 사물 인식 능력과 통신 방해 시스템을 보완해야 안전하고 편리하게 이용할 수 있기 때문에 센서 시스템의 정밀성을 높이고 해킹을 방지하는 프로그램을 강화하여 범죄에 이용되지 않도록 해야 한다.

Ⅱ. 문제원인의 과학적인 분석

자율주행 자동차란?

자율 자동차에 더해 외부 네트워크와 통신을 통해 스스로 주변의 환경을 인식하고 주행관련 위험요소를 미리 판단하여 대응하며, 목적지까지 경로를 계획/ 주행하여 운전자의 관여를 최소화시키면서 안전주행이 가능한 자동차이다. (출처:KAIST EureCar)

1. 자율주행자동차의 장점 (출처: LG 블로그 , 박태준, 조태훈 - 한국지능시스템학회 논문지, 2012)

1) 음주운전이나 졸음운전과 같이 사고를 일으키는 문제 감소

자율주행자동차는 카메라를 이용해 도로에서의 차선을 유지함. 자동차가 차선을 벗어나면 운전대에 달린 전동모터가 작동해서 차선을 중심으로 옮겨 사고를 막을 수 있음

2) 교통 체증과 속도제한이 사라짐

자율주행 자동차는 앞차와의 안전거리를 유지하며 반응속도가 빨라서 신호가 걸리게 되어서멈추고 출발하는 데 걸리는 시간이 짧아서 교통체증이 사라짐, 도로마다 일정한 속도를 유지하므로 속도제한도 필요 없음.

3) 자유 시간 확대

자동차를 타고 출근 및 퇴근하는 시간에 운전을 하지 않고 개인적인 자유 활동을 할 수 있음. 책을 더 읽거나 정보를 찾는 등 업무활동을 더 할 수 있고, 또는 영화를 보거나 대화를 할 수 있음. 미국의 경우 하루 50분의 자유시간이 더 늘어날 것으로 분석, 이를 통해서 개인의 여가시간이 늘어서 업무적이나 생활적으로 재충전을 할 수 있고 휴식 시간을 충분하게 가질 수 있음.

4) 자동차 세금 감소

현재 미국 가정은 1년에 평균 1만 8000달러를 차량에 지출하는데 자율주행자동차로 이 비용을 25%나 감소시킨다고 함.

5) 효율성

자율주행 자동차가 목적지로 갈 때 가장 짧은 길이나 가장 교통체증이 적은 길로 안내를 해 주 고 따로 검색을 미리 하지 않아도 알아서 길을 안내해 주기에 효율성이 높음.

(4) 주차편리성

사람들이 많이 분비는 곳에서는 주차할 수 잇는 공간을 찾는 데에도 시간이 많이 걸리는데 자율주행자동차가 인공지능으로 주차를 할 수 있는 빈 곳을 찾아서 주차를 시켜주기 때문에 운전자가 주차를 잘 못해도 적절한 장소에 주차를 편리하게 해 줌.

(5) 보복운전 감소

운전을 사람이 할 때는 신호 위반이나 운전자의 도로 위 예절 문제로 인해서 감정적으로 나빠질 수 잇는데 이때 보복 운전을 함으로 인해서 주변에 사고 위험을 줄 수 있음. 그러나 인공지능은 시스템으로 움직이게 되므로 교통신호를 잘 지키고 끼어들기를 하지 않을 것이므로 운전하는 사람들 사이의 상호 도적적인 문제로 인해서 발생하는 불미스러운 일이 줄어 듦.

6) 정확성(출처: 윤복중 김정하 - 제어로봇시스템학회지, 2012)

인간은 신체적인 컨디션에 따라서 실수를 할 수 있고 또 운전하는 동안에 사용하는 스마트폰으로 인해서 생기는 실수를 막을 수 있으며 자율주행자동차는 인간보다 실수가 적고 반응속도가 빨라서 사고의 위험을 더욱 감소시킬 수 있다.

7) 새로운 일자리 창출 (출처: 연합뉴스 2016년 09월 23일)

인공지능으로 움직이는 자동차를 관리하고 또 판매하고 사고 시 발생하는 보험문제 등 다양한 절차에서 새로운 일자리를 만들게 됨. 또한 자율주행자동차의 구조가 일반 자동차와 다르기 때문에 이에 맞는 상품이 늘어날 것이며 이를 위해서 필요한 인력도 충원되어야 하며 새로운 학과도 만들어지게 되어서 산업의 발전에 새로운 길이 열리는 기회가 될 것임.

8) 최첨단 기술 (출처: 파이낸셜뉴스 2017.03.05 14:19)

다양한 돌발 상황에서도 피해를 최소할 수 있는 지원 시스템 장착할 것임. 그래서 사람의 능력으로 할 수 없는 것들을 자율주행 자동차에 작창 된 인공지능 시스템이 도와줄 것임. 한 예로 사고가 났을 때도 자동으로 사고에 대한 정보가 전달이 되며 신속하게 처리할 수 있게 할 것임.

2. 자율주행자동차의 단점

1) 안전성 확보 미비

최근 구글 자율주행자동차는 처음으로 접촉사고가 났음. 구글 자율주행 자동차가 버스의 색깔을 하늘로 감지하여 접촉한 사고임. 자율주행 자동차의 주변 사물 인식 오류로 인해서 사고 발생 시 주변에 피해를 줄 수 있음.(출처: 강동수 박사의 교통안전노트)

단계	정의	특징
Level 0	No-Automation (비 자동화 단계)	자동화된 기능 없음. 운전자가 모든 조작을 담당
Level 1	Function-specific Automation (특정 기능의 자동화 단계)	크루즈 기능 또는 자동 주차 등 단일 기능의 자동화 수준(ACC, LKAS, SPAS 등 현재의 '스마트 카' 기술 대부분)
Level 2	Combined Function Automation (복합 기능 자동화)	두 가지 이상의 자동화 기술이 복합적으로 작용하여 특정 상황에서 자동화 달성(크루즈 기능과 차선유지 기능의 복합ACC+LKAS)
Level 3	Limited Self-Driving Automation (제한적 자율주행)	고속도로 등의 특정요건이 충족되는 상황에서 지속적 조작이 필요 없는 자율주행. 구글 무인 자동차의 현시점 성공 단계 정도
Level 4	Full Self-Driving Automation (완전 자율주행 단계)	모든 상황에서의 완전한 자율주행 수행이 가능하여 스스로 목적지에 도달하는 단계. 즉 본격적인 무인 자동차

〈 미국 도로교통안전청 차량 자동화 등급 규정표.(자료 출처 : KISTI 보고서) 〉

2) 일자리 감소(출처:http://www.bloter.net)

미국에서 노동력의 약 10%는 차량 운전과 관련된 직업임, 우버가 택시기사를 몰아내는 과는 비교과 되지 않고 구글이 선보이는 운전대가 없는 자동차는 운전석 자체가 기술을 없앤다고 함. (예: 2022년에 뉴욕시에는 자율주행택시 전면 실시)

3) 무인자동차 해킹(출처: 연합뉴스 2015년 8월 4일)

전자동으로 움직이는 무인자동차는 자동차를 제어하는 운영 프로그램이 해킹 당할 경우 운전자가 자동차를 제어할 수 없게 함. 지난 달 피아트- 크라이슬러가 해킹 취약성이 발견된 차량 140만대를 리콜하면서 차량이 해킹의 대상이 될 수 있는 가능성을 알려 줌. 자율주행 자동파의 프로그램을 해킹해서 운전자의 생명을 위협하거나 테러에 이용될 수 있음.(예: 자살폭탄테러 등)

4) 윤리적인 문제 (출처: 경향신문 2016년 3월 1일)

자동차가 멈춰야 할 때 아주 급박한 상황에서 보행자를 죽일지 운전자를 죽일지에 따른 판단을 해야 함. 이때 윤리적인 가치로 인간의 생명을 존중해야 하는 개념이 없으면 생명체를 사물로 인식하거나 교통법규를 어겼다고 여기게 하여서 생명을 헤칠 수 있음.

Ⅲ. 창의적인 해결방안

국내 완성차 업체 및 부품업체가 지속적으로 성장하기 위해서는 본 기고문을 통해 소개한 차세대 자동차 기술의 패러다임 변화에 대비하여 자동차 산업뿐만 아니라 관련 산업과의 연대가 필요하며, 또한 기초 기술 연구자들의 참여와 인재육성이 요구됨. 〈출처 : 권문식 - 물리학과 첨단기술, 2004〉

1) 사물인식 시스템의 정밀성 확보

① 레이더 및 라이더의 기능을 향상(기상 이변으로 인한 악천후에도 감지능력을 향상시키는 기 술)

② 카메라 및 초음파 센서 기능 향상 (사람의 눈과 같이 차선·빛신호·교통신호·차량·보행자·도로상황 등 다양한 정보를 인식기술)

③ GPS·DGPS 기능 향상 (3m 이하 정도의 근접거리에서는 효과적인 기술로 업그레이드)

④ 디지털 맵의 이미지나 데이터를 꾸준하게 수집 및 업 그레이드 시킴.

2) 원격 시스템 해킹 방지 프로그램 개발(출처: 전자공학학회지 2014.1.자율주행자동차의 개발 현황 및 시사점)

① 외부 시스템과 내부 시스템에서 주인의 허락을 받지 않은 상태에서 임의로 시스템에 접속하는 것을 막고 보안시스템을 강화함.

② 사용자 및 시스템 관리를 하는 회사에서 이 부분을 제어해서 해킹을 통하여서 시스템에 접속을 하게 되면 접근 인식 시스템을 통해서 바로 정보를 파악하여, 자동으로 보안회사및 경찰에 연결하도록 함.

③ 위험요소에 대한 주변 상황을 관리하여서 복합적으로 감시하고 또 2중 3중으로 보안을 강화하여서 중요한 업무를 하는 자율주행자동차나 또는 인명피해를 일으킬 가능성이 높은 경우에는 더욱 더 강화된 시스템으로 보호한다.

7. [코로나백신부작용] 논제 개요서 연습

1) 코로나 백신 부작용 개요서 작성

〈논제〉

특정 코로나 백신의 부작용 및 접종 대상 결정에 대한 접종 찬반 논란에 관하여 과학적 근거를 기반으로 자신의 의견을 주장하시오.

2) 코로나 백신 부작용 개요서 예시

Ⅰ.주장

AZ코로나 백신의 부작용으로 인한 혈전 응고와 사망 사고로 인해서 일부 나라에서는 접종 중단을 하고 있지만 일반적인 독감 백신으로 발생하는 부작용과 사례와 비슷하기에 독감백신은 매년 접종을 하고 있으므로 전파력이 센 코로나를 종식하기 위한 집단 면역을 생성하기 위해서 가장 범용적인 AZ백신의 접종을 추진해야 하며 꾸준하게 코로나를 막을 수 있도록 빅데이터 기술을 활용한 동물과 접촉을 방지 및 백신 접종 안정성을 높이는 노력을 해야 한다.

Ⅱ.문제원인과 과학적인 분석

가. 코로나바이러스 용어 정리

1)코로나바이러스 (COVID-19)은 최근 사회 전반에 큰 문제를 일으키고 있는 감염증의 원인이다. 점막을 통해 쉽게 감염될 수 있고 사람에게 호흡기 질환을 일으키며, 여러 면역반응을 초래하여 심하면 사망에 이를 수 있다.

2) 세계적으로 바이러스가 퍼져서 팬데믹이 선포 되었고 결과적으로 학교, 회사, 백화점과 같은 다수의 사람이 모일 수 있는 공공장소를 마음편히 방문하는 것이 어려워 졌다.

나. 문제 상황 정리

1) 코로나바이러스 백신이 개발되면서 백신의 의무화에 대하여 세계는 논쟁 중이다.

2) 백신을 맞은 사람들에서 치명적인 부작용이 보고되면서 일부 사람들은 백신을 맞는 것에 거부하고 있다.

3) 코로나바이러스 변종

코로나바이러스 한 가지의 종만 있는 것이 아니라 여러 가지의 변종도 나타나고 있다.
변이 바이러스가 세계적으로 확산 된다면 백신을 맞아도 현재 개발된 코로나 백신의 효과는 미지수이다. 때문에 코로나 백신을 의무화하는 것에 문제가 있다.

다. AZ백신의 부작용 사례

1) 유럽 국가들의 AZ 백신 접종 중단

- 백신 접종 뒤 혈전 현상 발생 (덴마크, 노르웨이, 이탈리아, 오스트리아, 아이슬란드 접종 중단)

2) 국내 AZ 백신 접종 50만 명 중 11명 사망

- 접종 후 척수염, 고열, 두통, 심한 근육통, 오한 발생 사례

- 접종 후 아낙필라시스 증상 발생시 응급실에서 에피네프린 근육주사 투여 해야 함.

(호흡곤란, 맥박상승, 가슴통증, 입술 창백 등)

라. 국가별 AZ백신 관련 결정 사항

1) 최근 10여 개국이 접종 연령대를 제한하거나 아예 중단한 상태이다.

예를 들어 독일에는 60세 이상이나 우선접종 집단에게만 아스트라제네카 백신을 쓰고 있고 프랑스에서는 55세 이상, 스페인에서는 60~65세에서 백신을 접종하고 있다.

2) 국내에서는 8~9일에 접종을 시작하려 했던 특수·보건교사 등의 일정이 밀리고 60세 미만에서는 잠정 보류됐다3) 현재 파악하고 있기로는 아스트라제네카 백신 접종에 대해 연령 제한을 둔 국가가 12개국으로, 50대, 55세, 60세, 65세 등 그 기준은 다양하다.

4) 영국에서는 30세 미만에 대해서는 아스트라제네카가 아닌 다른 백신 접종할 것을 권고한 상태다.

Ⅲ.과학적인 창의적인 해결방안

가. 빅데이터 기술을 활용한 동물과 접촉을 감소시키는 방안

바이러스가 다른 동물의 세포에 들어가서 결합하면서 유전자 구조가 바뀌어 변종 바이러스가 되기도 한다. 그러므로 사람과 다른 동물의 접촉이 줄어들면 바이러스 변이가 줄어들 것이다. 현재는 사람이 직접 가축에게 먹이, 사료를 주고 관리를 한다. 하지만 미래에는 빅데이터 기술을 사용해서 주어야 하는 사료의 양과 사료를 주는 시간을 맞춰서 자동으로 먹이를 주는 시스템을 도입하고 AI가 가축들을 지켜보며 아픈 가축이나 다른 문제가 있는 가축들을 관리하는 시스템을 도입해서 사람과 동물 사이의 접촉을 최소화하여 변종 바이러스의 생성을 막을 수 있다.

나. 빠르고 간편한 소독 기술을 통해 많은 지역을 주기적으로 소독하는 방안

광반도체 기업이 바이오레즈 기술로 1초 만에 바이러스를 99.437% 살균할 수 있다는 것을 알아냈다. 바이오레즈 기술로 기존보다 30배 빠르게 소독할 수 있고 흐르는 공기나 물 살균까지도 할 수 있게

되었다. 수명이 수은램프보다 10배 이상 길고 더 안전했다. 이 기술을 통해 바이러스가 퍼졌을 가능성이 조금이라도 있는 곳까지 모두 소독할 수 있게 되었다. 또, 집이나 학교, 지하철, 병원 등을 빠르고 꼼꼼하게 소독하기 편하기 때문에 전에 사용하던 화학약품을 통해 소독했을 때보다 자주 소독하여 바이러스가 퍼지는 것을 막을 수 있다.

다. 유전자 가위 기술을 활용한 바이러스에 대한 더 많은 연구를 하여 치료제와 백신을 더 빨리 개발하는 방안

바이러스의 유전자 염기서열을 분석을 하고 다른 나라들과 협력을 하여 백신과 치료제를 빠르게 만든다. 유전자 가위 기술을 사용해서 변종 바이러스와 싸우는 다른 바이러스를 만들어서 서로 싸우다가 소멸하게 만들어서 신종 바이러스를 치료할 수 있게 만든다.

Ⅳ. 사회적인 창의적인 해결방안

가. 방역 수칙 강화

1) 백신 의무화하는 대신에 지금보다 방역 수칙을 강화하여 코로나바이러스의 감염 확산을 막는다.
2) 더 안전하고 효과적인 백신과 COVID19 치료제가 개발될까지 사회적 거리두기를 실천을 비롯한 방역을 더 철저하게 한다.
3) 사회적 거리두기 및 방역의 강화로 장사가 더 어려워 지는 식당과 업종들은 국가에서 지원을 하여 코로나 종식까지 경제활동을 도와준다.

나. 안전성 확보를 위해 노력

1) COVID19는 RNA 바이러스이기 때문에 쉽게 변이가 발생할 수 있어서 생각해야 될 변수가 많다.
2) 21현재 백신은 안정성 및 효과성에 대하여 임상 시험을 할 충분한 시간을 갖지 못해서 국가에서 지원해서 안전한 백신을 만들 수 있도록 백신 개발에 더 노력을 해야 한다.

다. 확진자 동선 확인 시스템

1) 스마트폰 위치 추적을 활용해서 확진자의 동선을 확인할 수 있도록 앱을 만든다.
2) 확진자와 동선이 겹쳤는지 쉽게 알수 있어서 바이러스의 확산을 억제할 수 있다.
3) 확진자 동선 확인 시스템이 개인의 자유를 침해할 수 도 있다. 하지만 백신의 의무화는 개인의 자유 침해와 함께 가장 중요하게 생각되어야 하는 건강과 생명에 대한 치명적인 문제도 같이 있다.
4) 국민들에게 이러한 내용으로 설득하고 이해하도록 하면 동선확인 시스템 앱 개발을 해서 모두가 참여하도록 하는 것이 백신의무화 보다 더 효율적이고 안전한 방법이다.

라. 백신 접종 데이터를 분석하여 위험을 예측할 수 있는 시스템 개발

1) 백신을 맞은 사람들이 스스로 자신의 부작용을 공유하고 이를 데이터화 하여서 많은 사람들이 알 수 있도록 빅데이터 시스템을 만든다.
2) 이렇게 모아진 자료는 사람들이 각자의 상황 (성별, 나이, 앓고 있는 병, 먹고 있는 약물, 직업, 살고 있는 지역, 가족 구성원의 수)에 따라 인공지능이 분석을 하도록 한다.
3) 이렇게 모아진 빅데이터를 활용하면 백신을 맞을 사람들이 자신이 얼마의 확률로 부작용이 발생

할지 예상할 수 있다. 백신을 맞을 대상자들은 자기의 정보를 입력해서 부작용 발생에 대하여 예측할 수 있고 그 예측된 부작용 확률을 보고 백신을 맞을지 개인이 판단하여 결정하도록 한다.

마. 백신접종자 확인 시스템

1) 개인의 자유와 다수의 사람들의 안전을 모두 생각해야 하기 때문에 접종자 확인시스템을 만들어야 한다.

2) 백신을 모두 맞은 사람들은 마스크를 벗을 수 있는 자유를 주거나, 집합금지 인원에서 백신 접종자는 빼고 계산 할 수 있어야 한다.

3) 백신접종 여부를 확인할 수 있는 어플리케이션을 개발하고 이것을 보여주면 백신접종을 하지 않은 사람보다 좀더 자유롭게 생활할 수 있게 만들어주면, 사람들이 위험을 감수하고도 집단면역을 위해서 백신 접종에 동참 할 수 있다.

V. 참고 문헌

가. 연합뉴스, 4월 9일, '혈전 논란' AZ 백신, 접종 대상·연령 제한될까…

나. 한국 경제, 4월 8일, AZ백신 접종 사실상 재개…"국민 목숨 걸고 게임 하나"

다. JTBC 뉴스, 4월 8일, "젊은층에 화이자, 고령층에 AZ…교차접종도 논의"

라. 연합뉴스, 2월 10일, AZ백신 고령층 접종 어떻게…영국은 모두·EU는 연령제한

마. 여론 속의 여론, [코로나19] 28차 인식조사(2021년 3월 1주차),

https://hrcopinion.co.kr/archives/17825

바. 연령별 코로나 백신 사망률 및 부작용 상황

https://blog.naver.com/banyu13/222284361081

사. 질병 관리청, 중앙방역대책본부, http://www.kdca.go.kr/index.es?sid=a2

아. 코로나바이러스감염즈- 19, http://www.xn--19-9n4ip0xd1egzrilds0a816b.kr/

3) 코로나백신 부작용 개요서 분석 및 수정 보완

내가 쓴 개요서와 다른 사람이 쓴 개요서 분석			
비슷한 점		다른 점	
내가 쓴 개요서 분석		다른 사람이 쓴 개요서 분석	
예상 질문	장점 및 단점	예상 질문	장점 및 단점
추가 할 내용	빼야 할 내용	추가 할 내용	빼야 할 내용

Part 7 기출 논제들에 대한 토론 개요서 예시

1. ESG 논제

토론 논제	현재 대두되는 환경문제 중 본인이 가장 심각하다고 생각하는 것을 하나 뽑아 조사해 보자. 그리고 자신이 이 문제와 관련 있는 물건을 판매하는 기업의 담당자가 되어 환경/사회적 문제, 과학/기술을 이용한 해결방안, 정책 및 문화 활동 전략을 분석하고 ESG적 요소를 반영하여 새로운 대체품을 만들어 크라우드 펀딩을 받는다고 가정할 때 홍보 전략을 제시하시오.

1. 주장

실제로 독일 슈투트가르트에서 사용하고 있는 바람길과 라이다 미세먼지 관리시스템을 융합하여 라이다 미세먼지 시스템이 측정을 하고 그 신호를 바람길에 주어서 미세먼지를 걸러내는 정도를 조절하여 공기를 정화하여 좋은 공기가 순환하게 하여 대기오염문제중 하나인 미세먼지를 해결 할 수 있을 것이다.

2. 가장 심각하다고 생각한 환경문제 분석

가. 내가 가장 심각하다고 생각하는 환경문제 : 대기오염

나. 그 이유

1) 생명 유지에 중요한 공기이기 때문

우리가 살기위해서 숨을 쉬어야 한다. 이때 가장 중요한 것은 공기이기 때문에 공기의 오염이 가장 심각하다고 생각한다.

2) 국민환경인식조사 결과

한국환경정책·평가연구원(KEI)이 국민 3천8명을 대상으로 진행한 '2019 국민환경의식조사'에 따르면 응답자 중 46.5%는 여러 환경 문제 중 가장 시급하게 해결해야 할 부문으로 '대기질(미세먼지·오존) 개선'을 골랐다.

3) 전 세계인 90%, 미세먼지 등 오염된 공기 마셔 … 아시아·중동 가장 심각

WHO 보고서에 따르면 전반적으로 지구상의 인구 92%는 오염되거나 위험한 수준의 공기를 마시고 있다.

4) 미세먼지의 위험성 심각

- 미세먼지의 노출은 호흡기 및 심혈관계 질환의 발생과 관련이 있으며 사망률도 증가시킴
- 아황산가스, 질소 산화물, 납, 오존, 일산화 탄소 등을 포함하는 대기오염 물질로 자동차, 공장, 조리 과정 등에서 발생하여 대기 중 장기간 떠다니는 입경(입자의 지름) 10μm 이하의 미세한 먼지
- 입자의 성분이 인체의 독성에 중요한 역할
- 이들은 크기가 매우 작아서 코와 기도를 거쳐 기도 깊숙한 폐포에 도달할 수 있으며, 크기가 작을수록 폐포를 직접 통과해서 혈액을 통해 전신적인 순환을 할 수 있다.

- 1948년 미국 펜실베이니아주 도노라에서 20명이 사망한 대기오염사고
- 1952년 약 4,100명의 사망자를 발생시킨 런던스모그는 미세먼지가 인체에 어떤 영향을 미치는지 보여 주는 대표적인 사례

3. 미세먼지 저감 장치 개발 및 판매 기업 담당자로서 분석

가. 환경 및 사회, 정책, 문화 활동

1) 푸른 하늘의 날 지정

- 푸른 하늘의 날은 유엔의 공식기념일 중에서 우리나라가 제안해 채택된 첫 번째 기념
- 우리 국민과 정부의 제안을 국제사회가 화답해 제정된 성과, 지난해 8월 국가기후 환경회의(위원장 반기문)의 국민참여단은 '푸른 하늘의 날'의 제 문재인 대통령은 같은 해 9월 미국 뉴욕에서 열린 유엔 기후행동정상회의 기조연설에서 '세계 푸른 하늘의 날' 지정을 국제사회에 제안, 같은 해 12월 19일 제74차 유엔총회에서 '푸른 하늘의 날' 결의안이 채택됨.

2) 미세먼지 배출량 저감 정책 지정

- 미세먼지는 자연환경의 원인도 있지만 대기업이나 공장 등의 공기 배출에서도 생성됨
-기업마다 배출할 수 있는 이산화탄소의 배출 양을 정해놓음
- 교통량을 줄여주는 교통수요관리정책, 친환경자동차로의 전환정책, 운행차 저감정책
- 자동차의 이산화탄소 배출량 정해놓음(이 수치를 넘어서는 자동차를 생산할 수 없음) 친환경 자동차를 사용하도록 정책 새움 운행차의 수를 정하는 정책 새움

나. 과학 및 기술 활용 방안

1) 바람 길을 활용한 미세먼지 정화 방안

-미세먼지 배출원에 대한 제재뿐만 아니라 그린 인프라를 조성하는 공간 중심의 대책 필요성이 대두
-바람 길은 녹지와 물, 오픈 스페이스의 네트워크를 활용하여 산이나 바다의 신선한 공기가 도시로 흐를 수 있도록 하는 물리적 공간
-바람길 계획에서 중요한 것은 차고 신선한 공기가 생성되는 지역을 보전하는 것.
- 찬 공기의 흐름은 신선한 공기를 도심으로 수송하는 유일한 방법이기 때문에 세종시의 모의실험을 통해 밝혀진 공기 순환과 찬 공기 유입의 변수들은 향후 도시계획 수립 시 바람길 도입에 고려해야 할 시사점을 제시
- 독일의 슈투트카르트에서도 쓰이고 있으며 잘 활용하여 좋은 결과를 얻고 있다

2) '스캐닝 라이다(LiDAR)'미세먼지 관리시스템

-시흥시가 초미세먼지 농도를 30m 고해상도로 반경 5km까지 스캐닝 할 수 있는 라이다(LiDAR) 미세먼지관리시스템을 세계 최초로 개발
-레이저 빔을 대기 중으로 발사해 대기입자에 의해 후방 산란되는 신호를 받아, 수평적 360°방향, 반경 5km를 30m 간격으로 미세먼지와 초미세먼지 분포 측정이 동시에 가능하다.

〈출처: 국가정보기관 뉴스로, 시흥시,2020년 10월28일, '스캐닝 라이다(LiDAR)'미세먼지 관리시스템 시연회 개최〉

4. SG적 요소를 번용하여 크라우드 펀딩 홍보 전략

가. 크라우드 펀딩 계획

1) 만약에 이 대체품을 만들어서 크라운드 펀딩을 받는다면 이 제품의 원리와 실제 사용사례를 설명해서 소비자가 이 제품의 광고를 보고 유용하다는 판단을 할 수 있도록 함

2) 실제 성공 사례를 이용한 홍보

바람 길은 독일의 슈투트카르트에서도 쓰이고 있으며 잘 활용하여 좋은 결과를 얻고 있다는 사실이나 시흥시의 라이다 미세먼지 기계의 원리와 도를 30m 고해상도로 반경 5km까지 스캐닝 할 수 있다는 등의 원리를 강조한다.

나. 실시간 미세먼지 저감 공기정화 시스템 장치의 특징 및 기능 소개

1) 특징: 바람길과 스캐닝 라이다를 융합

2) 기능

-스캐닝 라이다를 이용하여 미세먼지를 측정후 안테나를 이용하여 측정결과를 도로주변에 있는 바람길의 안테나로 수신

-바람길의 안테나는 라이다 측정기에서 받은 신호를 받고 바람길을 어떻게 설정할지 결정

-바람길이 측정결과에 따라 공기를 필터링 하는 정도를 조절할수 있도록 프로그래밍 함

-바람길이 공기를 잘 필터링 하고 있는지 바람길에도 측정장치를 설치

-측정장치의 결괏값을 안테나와 미세먼지 측정기로 수신한 후 잘 되면 교체신호를 바람길로 수신

-교체 요청을 받은 바람길은빨간불을 띠고 상태에 따라 빨간색(교체 필요,매우 나쁨),주황색(상태 나쁨),노란색(상태 보통),연두색(상태 좋음),초록색(상태 매우 좋음)

다. 홍보 전략

1) 이런 좋은 사실을 홍보하기 위해서는 광고제작, 유튜브, SNS등을 통해서 사람들이 관심을 갖게 하고 자주 볼 수 있게 하고 미세먼지의 심각성과 피해도 알려서 사람들이 대기오염과 미세먼지에 관심을 가질 수 있게 한다.

2) 사람들은 대기오염에 대해 더 관심을 갖고 심각성을 느끼게 되어 이 제품에 많은 관심을 갖게 될 것이다. 이렇게 지역마다 하나둘 구매하게 되면 독일의 슈투트카르트처럼 잘 활용하여 공기가 잘 정화 · 순환될 것이고 라이다 미세먼지 기계를 활용하여 대책도 빨리 세울 수 있을 것이다.

5. 자료 출처

가. 연합뉴스 2020년 7월 12일, '가장 시급한 환경문제로 국민 절반이 '대기질 개선' 꼽아"
https://www.yna.co.kr/view/AKR20200710156100530

나. 아시아투데이, 2019년 3월 6일,
https://www.asiatoday.co.kr/view.php?key=20190306010002833

다. 출처: 이투데이, 2016년 11월 21일, 가장 심각 환경문제 1위…'대기오염',
https://www.enewstoday.co.kr/news/articleView.html?idxno=644659

라. 출처: 미세먼지 저감을 위한 그린인프라의 개념 ©국토연구원 이건원(2019),국가정보기관 뉴스로 〉

마. 출처: the science times,'바람길'로 미세먼지를 흘려보낸다?

바. 도시와 환경 계획 연계로 미세먼지 대응 https://www.sciencetimes.co.kr/news

2. 신종바이러스 논제

토론 논제	신종 바이러스의 발생 원인을 분석하고, 예측되는 문제 상황의 과학적인 대처 방안을 논하시오.

1. 주장

신종 바이러스는 지속적으로 국가의 경제에 피해를 주고 사람에게 치명적일 수 있다. 그래서 신종 바이러스가 퍼지는 것을 막기 위해 동물과의 접촉을 줄이고 새로운 소독기술을 개발하며, 다양한 연구와 유전자 가위 기술로 치료제와 백신을 빠르고 효과적으로 만들어야 한다.

2. 문제 원인

가. 바이러스란?

- 생물과 무생물의 중간형태인 미생물
- 크기가 매우 작아 전자현미경을 통해서만 관찰 가능
- 세포의 형태를 갖추지 못한 유전자정보를 가지고 있는 핵산과 이를 둘러싼 단백질 막으로 구성되어
- 스스로 에너지를 만들지 못함
- 동식물이나 미생물의 살아있는 세포와 같은 숙주에 기생하며 증식함
  → 바이러스가 세포에 감염되면 바이러스는 자신의 유전정보에 따라 각 부분을 대량으로 만들어내며, 각 부분이 다시 바이러스로서 조립된 다음에 세포 밖으로 나감
- 일상생활 질병과 관련된 바이러스 : 에이즈, 에볼라, 사스, 조류인플루엔자 바이러스 등

나. 바이러스의 변이

① RNA형태 바이러스

- 바이러스의 유전자는 RNA형태가 대부분
- 화학적으로 RNA는 DNA보다 다른 물질과 반응을 잘함.
  → RNA형 바이러스가 숙주 세포 속으로 들어가면 유전자 구조가 바뀌는 경우가 생기면서 바이러스의 변이가 일어남

② 인플루엔자 A형 : 헤마글루티닌(H)과 뉴라미니다아제(N)라는 두 단백질 돌기가 삐죽 솟아난 형태로 이 돌기들이 몸에 꼭 들어 맞는 순간 병을 일으키게 됨. 18가지 종류의 (H)형과 11가지의 (N)형은 서로 결합하는 경우의 수가 198개나 되고, 돌기 중 하나만 돌연변이를 일으켜도 새로운 바이러스가 생겨남

③ 돼지세포를 통한 변종 바이러스

- 대부분 바이러스는 숙주세포에 들어맞는 단백질 구조를 갖고 있어서 사람에게 병을 일으키는 바이러스는 다른 동물에게 들어가면 제 능력을 못함

→ 그에 비해, 돼지 세포는 조류와 사람에게 감염을 일으키는 인플루엔자 바이러스 단백질이 모두 들어맞기 때문에 조류나 사람의 인플루엔자 바이러스가 돼지에게 들어가면 돼지의 세포와 결합하면서 유전자 구조가 바뀌어 조류와 사람 모두에게 해를 끼칠 수 있는 변종 바이러스로 변할 수 있음

④ RNA형 바이러스와 같이 변이가 쉽게 일어나는 바이러스일수록 유행이 빠르고 위험성이 높음

⑤ 변이 바이러스는 쉽게 모습을 바꿔 백신이나 치료약으로 대처하기 어려움

다. 바이러스로 인한 피해

① 경제의 피해 - 해외수출수입 지연, 거리두기로 피해 본 소상공인과 비정규직 근로자들의 많은 실직

② 정신적 피해 - 우울증 또는 취약층의 사회적 고립

③ 관계의 문제 - 코로나의 원인과 이유를 비합리적으로 본 인종차별문제가 일어남.

3. 창의적인 해결방안

가. 빅데이터 기술 : 동물과의 접촉을 감소시키는 방안

- 문제점 : 동물을 통해 유전자 구조를 바꿔 변종 바이러스를 일으킬 수 있다는 사실
- 해결방안 : 사람과 동물 사이의 접촉을 최소화하여 변종 바이러스의 생성을 막음

→ 현재 사람이 직접 가축에게 먹이, 사료를 주고 관리하는 방법을 미래에는 빅데이터 기술을 사용해 AI가 적정량의 사료를 때에 맞춰 자동으로 먹이를 주며 가축들을 관리하는 시스템 도입

나. 바이오레즈 기술 : 빠르고 간편한 소독 기술을 통해 많은 지역을 주기적으로 소독하는 방안

- 문제점 : 눈에 보이지 않는 바이러스
- 해결방안 : 이 기술을 통해 바이러스가 퍼졌을 가능성이 조금이라도 있는 곳까지 꼼꼼하게 소독하며 집이나 학교, 지하철, 병원 등을 빠르고 주기적으로 소독하여 바이러스가 퍼지는 것을 막음
- 1초 만에 바이러스를 99.437% 살균
- 바이오레즈 기술로 기존보다 30배 빠르게 소독 가능
- 흐르는 공기나 물 살균까지도 할 수 있음
- 수명이 수은램프보다 10배 이상 길고 더 안전

다. 유전자 편집 기술로 바이러스 분리

- 문제점 : 감염 테스트를 피해가는 변이 코로나 바이러스가 생겨남
- 해결방안 : 분자가위를 활용하여 바이러스에 대해 더 많은 연구하여 치료제와 백신을 더 빨리 개발하는 방안
- 감염 테스트를 피해가는 변이 코로나를 정확히 잡아낼 수 있게 됨
- 특정 반응 혼합물을 이용한 검사로 분자가위가 분자를 자를 때 빛을 내면 바이러스가 존재한다는 것을 알 수 있음

- 유전자 편집 기술을 사용해서 변종 바이러스와 싸우는 다른 바이러스를 만들어서 서로 싸우다가 소멸하게 함
- 다른 나라들과 협력을 하여 백신과 치료제를 빠르게 개발
- 새로운 바이러스나 변종 바이러스의 공격에 대비

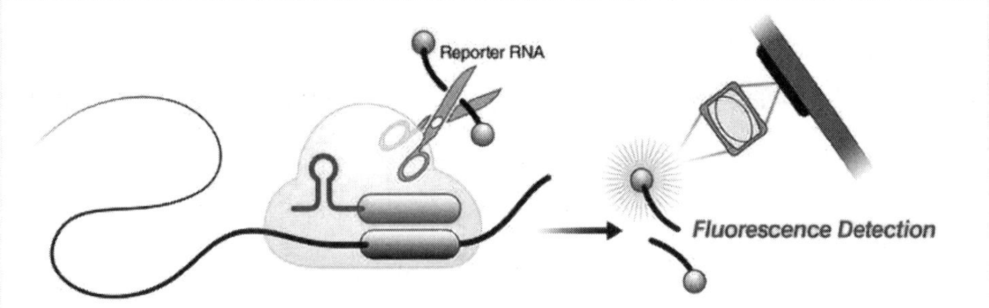

크리스퍼 유전자 가위 기술을 이용한 코로나 진단법. 가이드 RNA(붉은색)가 코로나 바이러스의 RNA(검은색)에 결합하면 효소 단백질이 형광 입자가 붙은 다른 RNA 가닥을 잘라낸다. 형광 입자가 레이저를 받고 빛을 내면 육안으로 코로나 바이러스 유무를 확인할 수 있다./UC버클리

3. 열섬문제 논제

토론 논제	한 나라가 도시를 계획할 때 도시 열섬문제와 관련하여 어디까지 계획할 지를 과학적으로 제시하고, 그리고 도시열섬문제와 물부족 문제를 해결하기 위한 방안을 제시하시오.

I. 주장

도시 중심부의 기온을 현저히 높이는 열섬현상을 해결하기 위해서는 녹지면적과 건설기술을 조화롭게 융합한 '그린 빌딩'을 도입하고, 현재의 콘크리트와 아스팔트를 대체할 신소재를 개발하여 물 부족을 해결해야 한다.

II. 도시화

1. '도시화'란 도시가 되어가는 과정으로 인구의 도시집중과 이에 따른 지역적, 사회적 변화를 일컫는 개념이다.
2. 이는 환경과 매우 복합적인 관계를 가지는데, 여러 측면에서 다양한 문제를 창출하고 있다.
3. 엄청난 양의 쓰레기, 화석연료 사용에 따른 생태학적 변화, 온실효과 등 여러 문제가 있지만 그 중 열섬현상이 가장 심각한 문제로 대두되고 있다.

III. 열섬현상

1. 인구/ 인공 시설물/콘크리트 피복/자동차 통행의 증가와 인공열의 방출, 온실효과 등에 의해 도시 중심부의 기온이 현저히 높게 나타나는 것이 열섬현상이다.

2. 열섬의 발생 원인

1) 대기 오염: 공장 굴뚝의 연기, 자동차 배기가스, 에어컨디셔너·난방기의 배출열 등 각종 인공열과 그로 인한 대기오염이 원인이 된다.

2) 인공시설물: 빛을 흡수하는 비율이 높아 흡수한 빛을 적외선 방사의 형태로 외부로 다시 내보내 대기의 오염을 높이는 아스팔트와 콘크리트 등이 원인이다.

① 아스팔트와 콘크리트 같은 경우는 비가 와도 물을 거의 흡수하지 않는다.

⇒ 비가 아무리 와도 물이 거의 흡수되지 않기 때문에 지하수에는 영향을 거의 주지 않는다.

⇒ 열섬현상뿐만 아니라 물 부족 현상도 심해진다.

② 이런 불투수 면적 서울 몇몇 지역은 90%가 이미 넘는다.

3) 녹지 면적의 감소: 수분을 증발시켜 태양열을 흡수해 대기의 기온을 하강시키고 그늘까지 만들어 태양에너지가 지표면을 가열하는 것을 막아주는 각종 식물과 나무의 감소가 열섬문제를 일으킨다.

IV. 인류의 도시계획: 무분별한 도시개발로 인해 열섬문제가 발생했기에, 이런 문제가 일어나지 않도록 기준을 두어야 한다.

1. 건설의 제한

1) 원인: 콘크리트의 피복의 증가, 그리고 아스팔트와 콘크리트 등 각종 인공 시설물의 적외선 방사는 열섬현상에 영향을 끼친다.

2) 도시를 계획할 때, 콘크리트의 피복과 적외선 방사량을 고려하여 총 건설 가능한 (콘크리트) 건물의 수의 범위를 정한다.

2. 최소 녹지 면적

1) 이유: 녹지면적은 태양열을 흡수해 대기의 기온을 하강시키고, 그늘도 만들어준다.

2) 특별한 목적이 아닐 경우 산과 숲은 최대한 보존하고, 녹지면적의 기온 하강도를 측정하여 최소한의 식물과 나무는 남겨야 한다.

3. 불투수 면적

1) 원인: 아스팔트와 콘크리트 같이 물을 거의 흡수하지 않는 소재들은 비가 아무리 와도 지하수에 영향을 주지 못해 열섬현상과 물 부족 문제를 야기한다.

2) 도로 포장을 위해서는 어쩔 수 없이 아스팔트를 깔아야 하지만, 지하를 분석하여 지하수가 더 많이 저장된 지반은 '우리 지구 보호지역'으로 지정 하는 등 개발을 피해야 한다.

4. 인구 밀도

1) 원인: 다수의 인구가 좁은 도시에 밀집해서 거주하면서 환경에 큰 영향을 미치고 있다.

2) 위와 같은 도시 계획들이 정리된 후, 시민들의 인권을 당연히 보장하면서도 인구 분산을 위해 노력하고 최소의 제한은 둔다.

V. 해결방안

1. 열섬문제

1) 그린 빌딩(Green Building) 기술 도입

① 건물의 여러 가지 면을 활용하여 식물과 융합한 건설 기술이다.

② 건물 1층의 남는 공간을 아스팔트/콘크리트 도보 대신 녹지 면적으로 쓸 수 있다.

③ 건물 옥상을 그저 남는 공간이 아닌, 지구와 그 도시를 위해 기여할 수 있는 환경으로 활용할 수 있다. ⇒ 작은 숲/정원/녹지면적으로 만든다.

④ 도시 개발을 지향하면서도 열섬문제를 해결할 수 있다.

⑤ 도시열섬문제뿐만이 아닌, 환경 문제도 해결할 수 있다.

2. 물 부족 문제

1) 신소재 개발

① 콘크리트와 아스팔트로 인해 도시열섬문제와 물 부족 문제가 심각하다.

② 콘크리트와 아스팔트의 이러한 단점을 개발한 신소재를 개발한다.

③ 흡수하는 빛을 다시 밖으로 적외선 방사의 형태로 내보내지 않는 소재 개발을 목표로 한다.

④ 물을 충분히 흡수할 수 있어, 다시 흙을 통해 빗물을 지하수로 전달할 수 있는 신소재 개발을 목표로 한다.

⑤ 이미 개발된 도시들도 최대한 이러한 신소재로의 변화를 추구하도록 하고, 새로 개발된 도시들은 모두 이 신기술을 도입한다.

3. 인공지능(AI)을 도입한 문제 해결

1) 도시 내에서 특히나 온도가 높은 지역을 찾아내어 문제를 해결할 수 있다.

2) 열 감지 카메라와 AI기술을 장착한 드론 등이 도시를 날아다니며 도시 열섬 문제가 극심한 지역을 찾아낸다.

3) 후에는 이 인공지능이 데이터를 활용하여 해당지역의 열섬문제의 원인도 찾을 수 있도록 한다.

4. 아열대 기후 논제

토론 논제	우리나라는 전국적으로 아열대 기후로 진입하게 되었고, 식물의 생장 기간이 늘어나고 연평균 온도도 증가하게 되었다. 이러한 기후 변화로 인한 생태계와 사회에 미치는 문제점을 탐구해 보고, 이러한 문제점을 해결할 수 있는 과학적이고 창의적인 방안을 제시하시오.

1. 주장

인간의 산업활동으로 인해 배출되는 과도한 이산화탄소 배출에 의한 기후변화 문제가 심각해지고 있어서 이를 해결하기 위해 전력 조절 애플리케이션, 유전자 조작 나무로 이루어진 숲 그리고 인공 녹색섬을 활용해서 지구 정화 능력을 키워야 합니다.

2. 문제 원인의 과학적 분석

가. 기후변화에 영향을 주는 원인(출처:2016환경백서)

1) 지구의 연평균 기온 상승(지구 온난화)

- 기온 상승으로 인해 엘니뇨 현상이 발생하며 지구 곳곳에 이상폭염·한파 발생
- 인간의 산업 활동에 의한 온실가스 배출 따라서 온실효과(GHGs)를 유발

2) 해수면 상승

- 바닷물의 흐름에 영향을 주며 기후 변화에 직·간접적으로 관여

나. 지구 온난화의 이유

1) 공장 매연

- 세계 각지에 분포하고 있는 많은 수의 공장에서 온실가스 함유한 매연 배출

2) 자동차 매연

- 전세계적으로 소득 수준이 증가→자동차 수 역시 증가
- 특히 오래된 경유 차량의 매연에 온실가스 많음

3) 발전소

- 발전 과정에서 이산화탄소가 많이 발생
- 화석 연료를 이용해 발전하기 위해서 연료를 태워야해→ 이산화탄소 발생

4) 가축의 무리한 방목

- 소의 방귀 및 트림에 메탄가스 많음
- 소고기와 우유의 수요가 증가하며 소를 키우는 목장의 수가 비약적으로 증가

5) 파괴되고 있는 열대우림

- 식물은 낮에 이산화탄소를 흡수함
- 지구의 허파라 불리는 아마존 등 세계 각지의 열대우림 파괴 중
- 이유: 산업화와 도시화&무분별한 벌목

다. 기후 변화로 인한 생태계에 미치는 문제점

-담수생태계에 살고 있는 저서무척추동물들이 피해를 입는다는 예측

-아열대 • 열대 지방에서 유래된 서식지가 확산이 될 수 있다.

라. 기후 변화로 인한 사회에 미치는 문제점

-아이들의 건강 악화 - 대기오염, 감염 (바이러스 확산)

-변하는 날씨와 기후, 그에 따른 스포츠, 관광지의 경제적 피해

-초대형 산불

1)생태계 영향

- 이례적으로 높아진 기온은 생태계에도 악영향

2) 이상기후 초래

- 초대형 태풍, 이상폭염, 이상호우, 이상한파 등 이상기후 현상 발생

→인명·재산 피해 속출

〈출처: 인터넷신문위원회, 20년 2월, 기후 변화가 인간 사회에 미치는 9가지 악영향〉

마. 기후변화로 인한 빙하 용융으로 생기는 문제점

- 높아진 온도로 인해 극지방의 빙하가 녹고 있음
- 극지방에 서식하는 동식물에게 크나큰 피해 ex)북극곰이 살 곳이 없어짐
- 해수면 아래에 위치한 국가들에게 역시 피해 끼침
- 국토가 줄어들거나 국가가 몰락하는 일 발생

3. 창의적인 문제 해결 방안

가. IoT(사물인터넷)을 활용한 가정 내 전력 조절 애플리케이션 개발

- 콘센트에 IoT기술을 적용
- 휴대폰 애플리케이션을 통해 가정 내 전기제품 사용 현황을 한눈에 볼 수 있다.
- TV와 같은 가전제품은 사용하고 있지 않더라도 물리적으로 플러그를 뽑기 힘들 때가 많다. (이유: 콘센트가 손이 닿지 않는 곳에 있거나 먼지가 많아서)
- 그러나, 사용 중이 아니어도 전력은 계속 소비됨
- 스마트폰을 이용해 손쉽게 전원을 차단할 수 있음
- 효과: 전력 사용량을 줄임으로써 발전량을 감소→화력발전소에서 나오는 ↓

나. 유전자 조작 나무로 인공 숲 조성

- 나무의 유전자를 조작해 이산화탄소 흡수율↑, 생명력↑
- 평범한 나무를 심기보다는 흡수 효과가 더 좋은 나무를 심자
- 사막화된 지역에 대량으로 심자

다. 인공 녹색섬 프로젝트를 활용한 지구 정화 운동

- 인공 녹색섬: 태양광, 풍력, 수소력, 지열, 연료전지 등을 활요한 에너지 제로 섬이다.
- 인공 녹색섬에 조성된 생태계가 광합성을 통해 산소를 생성시키고, 오염 공기를 흡수해서 공기 정화를 시킨다.
- 인공 녹색섬을 관광지로 활용해서 이를 통해 벌어진 수익을 다시 인공 녹색섬을 확대 조성하는 데 이용하여서 지구 정화 운동을 늘린다.
- 이런 인공 녹색섬의 좋은 점들을 널리 홍보해서 다른 나라들에게도 확대할 수 있도록 한 다.

(출처: 2020년. 지구온난화어떻게해결할까?,이충환지음, 동아엠앤비)

5. 유전자 가위 논제

토론 논제	유전자 가위 기술이 무엇인가? 또 이 기술이 가져올 앞으로의 미래 상황을 제시하고, 이에 따른 발생한 문제들은 어떤 것이 있고, 이를 해결하기위한 방안을제시하시오.

I. 주장

유전자 가위는 우리의 질병을 치료해주는 동시에, 맞춤형 아기의 '생산'을 야기할 수 있으므로, 배아의 유전자 조작 여부를 미리 검사하는 방법 등으로 이를 해결해야 한다.

II. '유전자 가위'란?

1. '유전자 가위'의 개념

1) 정의: 인간세포와 동식물 세포의 유전자를 교정하는데 쓰는 기술

2) 특성: 동식물 유전자에 결합→특정 DNA 부위 자르는 인공효소→유전자의 잘못된 부분 제거하여 문제 해결

2. 크리스퍼 유전자 가위

1) 구성: 작은 가닥 RNA와 단백질 Cas9로 구성

2) 3대 유전자 가위→유전병·에이즈 등 치료 가능

III. 미래상황

1. 질병 치료

1) 유전병 치료

① 원리: 환자의 몸에서 가져온 유전자를 실험실에서 교정
→유전자 가위로 교정된 유전자를 환자의 몸에 주입(여러 번 반복)
→체내 정상세포 비율 높아짐→질병 완전히 치료/증상 완화

② 치료 가능한 유전병 예시: 레베르 선천성 흑암시(LCA), 낭성 섬유증

2) 여러 질병 치료

① 원리: 질병을 유발하는 단백질의 효소 유전자 잘라내기.
→세포 분열 반복하며 질병 치료/완화

② 치료 가능한 질병 예시: 에이즈, 비만, 당뇨병, 암

3) 유전자 변형 작물에 활용⇒생산량↑

① 유전자 변형 농산물(GMO): 식물에 동물 유전자 집어넣음.

② 유전자 가위 사용→식물의 약한 유전자 잘라냄→스스로 강한 유전자 복원하도록 함

Ⅳ. 문제점

1. 맞춤형 아기

1) 원리: 정자와 난자의 DNA를 바꿔, 아기가 원하는 유전자만 가질 수 있도록

⇒부모가 원하는 맞춤형 아이

2) 아기의 유전병 치료의 목적을 넘어선, 조작된 아기.

3) 후에는 아이의 '출산' 없이 '생산'만 이루어질 것.

2. 유전자 가위의 오류

1) 유전자 가위가 잘못 작동하여 교정이 필요한 위치가 아닌 엉뚱한 위치 자를 수도 있음

2) 유전자 가위가 제대로 작동하지 않은 후, 사람의 체내에 찌꺼기처럼 남을 수도 있음

3) 잘못 작동된 유전작 가위가 되려 돌연변이 일으킬 가능성 있음

4) 정상적으로 작동되었더라도, 후에 미칠 영향은 아직 미지수

Ⅴ. 해결방안

1. 윤리적 문제

1) 배아의 유전정보 검사

-임신 후, 임신 초기 단계 때 배아의 유전자 조작여부 검사

-부모의 유전자 정보 등을 활용하여 분석

2) 범세계적 제도

-과학은 공공재적인 성격이 큼

-범세계적으로 협약을 맺어 전세계 과학자 모두가 윤리적 문제를 일으키는 연구를 하지 않도록 막기

2. 유전자 가위의 오류

1) 유전자 가위의 오작동 여부 측정

└→ Multiplex Digenome 분석법

-세포에서 분리 정제한 유전체 DNA에 유전자 가위 처리

→비표적 위치 분석·점수화

-목표 유전자만 제대로 교정했는지와 엉뚱한 부분을 잘랐는지 동시에 정확하게 분석

⇒더욱 정교해짐

Ⅵ. 참고자료

-프레시안 NEWS

-The Science Times

-식약처 공식 사이트

-BIO Insight

6. 탈원전 논제

토론 논제	탈원전에 대해서 어떻게 생각하고 찬성하는지 반대하는지에 대해서 논하시오.

1. 주장

원자력 발전소는 경제적·효율적·친환경적이므로 계속 가동해야 하며 그와 동시에 활성단층 조사, 해일 경보 시스템 구축과 방사능 드론 운용, '방사능No!'앱 개발을 통해 일반인의 막연한 공포를 해소해야 한다.

2. 문제 원인의 과학적 분석

가. 원전의 장점

1) 경제성

- 다른 발전에 비해 압도적으로 저렴하다
- 연료비가 낮고 설치비만 다소 높아 한번 설치 시 오래 사용 가능
- 발전 단가가 낮아 전기료를 높이지 않는다.

2) 효율성

- 안정적으로 많은 전력 공급 가능
- 대한민국의 31.7%의 전력 충당 중

3) 친환경성

- 원전은 운용 시 이산화탄소와 메탄 등 온실가스가 거의 나오지X

나. 탈원전 시 발생할 수 있는 문제점

1) 전기세 인상 초래

- 현재로서는 당장 원전을 대체할 에너지가 존재하지 않는다.
- 전기세가 인상되면 국민 세금 부담이 크게 증가하거나 전기제품 사용을 줄여 불편을 초래할 것

2) 신재생 에너지로 대체 불가능

- 우리나라는 국토가 넓지 않기 때문에 태양광·풍력 발전소를 무한정으로 지을 수 없다.
- 여타 신·재생 에너지 역시 아직 연구 단계에 있을 뿐이다.

3) 전력 부족

- 전기세만 인상되는 것이 아니라 전력이 부족해져 정전이 자주 일어날 것이다.

4) 수출 경쟁력 저하와 기술 사장

- 우리나라의 원전 건설 기술은 세계 최고 수준임
- 이 압도적인 기술력을 이용해야 한다
- 원전을 짓지 못한다면 관련 기술 역시 사장될 것→수출 경쟁력이 떨어짐

5) 환경오염

- 신·재생 에너지 개발은 오히려 산지 등을 개발해야할 필요가 있음

- 화력발전량을 증가시키는 것은 심각한 환경오염과 대기오염을 초래함
- 지구 온난화를 가속함→기후 변화 유발

다. 원전 운용 시 발생 가능한 문제점

1) 대형사고 가능성

- 지진이나 해일 등 대규모 자연재해 발생 시 후쿠시마 원전사고처럼 방사능이 유출될 수 있음
- 반론: 후쿠시마 원전사고는 오히려 전세계 원전 관리에 경종을 울림

→사건 뒤에 갖가지 안전 테스트 도입됨→이제 안전해져

2) 방사능폐기물 처리 문제

- 방사능폐기물이 유출될 수 있음→주변 환경오염과 방사능 피폭 등으로 이어질 수도 있음

3. 창의적인 해결방안

가. 정교한 활성단층 조사와 해일 경보 시스템으로 자연재해 사고 원천 차단

- 체계적인 해일 경보 시스템 구축하자/원전 밑의 단층을 꼼꼼하게 분석하자
- 해일 발생 1초 안에 원자로가 대비를 마칠 수 있도록 함
- 3D 모델링으로 지하 단층 구조를 나타낸 뒤 컴퓨터 시뮬레이션으로 확인
- 전문가와 정부가 합동테스트단을 구성해 정밀한 대비책을 과학적 근거를 바탕으로 세우자

나. 드론을 활용한 방사능 유출 검사

- 드론 수백기에 방사능 측정기를 부착
- 비행하며 방사능 수치를 측정(이동이 용이하고 조작이 쉬운 드론의 특성 100% 활용)
- 장점: 방사능 측정기를 모든 곳에 설치할 필요X→곳곳의 방사선량 측정 가능
- 부가용도: 카메라를 붙여 방사능 측정뿐만 아니라 원전 주위의 풍경도 사진으로 남김

→사진을 온라인에 공개하거나 사진전을 열어 원전을 홍보하는 효과

직접 드론을 몰 수 있게 일반 시민 대상 체험활동 진행

→원전의 안전성 실감케 하는 효과+원전을 친밀하게 느끼는 효과

다. '방사능 No!'애플리케이션 개발&활용

- 원전의 가동 현황과 방사능 수치를 투명하게 공개
- 비전문가도 이용 가능하도록 간단한 모식도와 그림으로 표현
- 효과: 일반인들의 원전에 대한 막연한 공포 해소

4. 참고자료

- 탈원전/대한민국(나무위키)
- 원자력발전소(나무위키)
- 원자력 발전 원리는?(매일경제)
- 정부의 탈원전 정책, 찬성과 반대 측 이유(경기도교육청 청소년 방송)

7. 코로나백신 접종 찬반 논제

토론 논제	코로나백신 접종에 대한 찬성 또는 반대에 대해 주장하시오.

I. 주장

아직 백신의 안전성이 검증되지 않았고 변종 바이러스에 대한 문제도 있기 때문에 의무 접종을 하지 않고 방역 수칙을 준수하면서 안전하고 효과적인 백신을 기다려야 한다.

II. 문제·원인과 과학적 분석

가) 코로나바이러스 용어 정리

- 코로나바이러스 (COVID-19)은 최근 사회 전반에 큰 문제를 일으키고 있는 감염증의 원인이다. 점막을 통해 쉽게 감염될 수 있고 사람에게 호흡기 질환을 일으키며, 여러 면역반응을 초래하여 심하면 사망에 이를 수 있다.
- 세계적으로 바이러스가 퍼져서 팬데믹이 선포 되었고 결과적으로 학교, 회사, 백화점과 같은 다수의 사람이 모일 수 있는 공공장소를 마음편히 방문하는 것이 어려워 졌다.

나) 문제상황 정리

- 코로나바이러스 백신이 개발되면서 백신의 의무화에 대하여 세계는 논쟁 중이다.
- 백신을 맞은 사람들에서 치명적인 부작용이 보고되면서 일부 사람들은 백신을 맞는 것에 거부하고 있다.

III. 의무접종 반대 근거

가) AZ 백신 접종 제한

- 캐나다 등의 국가에서 아스트라제네카 백신 접종이 55세 미만에 대해 중지되었다.
- 유럽의 젊은 여성을 중심으로 접종 후 혈전/출혈이 보고되었고, 그 중 일부 사망에 따른 결정이었다
- 노르웨이에서 건강했던 사람 5명이 백신 접종 후 혈전, 출혈, 혈소판 감소등의 증상을 보였고 이 중 3명은 사망하였다.
- 독일과 오스트리아에서도 평소 건강했으나 백신 접종 이후 치명적인 혈전이 생긴 4명을 검사한 결과 헤파린 유도 혈소판감소증(HIT)과 비슷한 결과를 보였다.

나) 코로나바이러스 변종

- 코로나바이러스 한 가지의 종만 있는 것이아니라 여러 가지의 변종도 나타나고 있다. 변이 바이러스가 세계적으로 확산 된다면 백신을 맞아도 현재 개발된 코로나 백신의 효과는 미지수이다. 때문에 코로나 백신을 의무화하는 것에 문제가 있다.

Ⅳ. 창의적인 해결방안

가) 방역 수칙 강화

- 백신을 의무화하는 대신에 지금보다 방역 수칙을 강화하여 코로나바이러스의 감염 확산을 막는다.
- 더 안전하고 효과적인 백신과 COVID19 치료제가 개발될까지 사회적 거리두기를 실천을 비롯한 방역을 더 철저하게 한다.
- 사회적 거리두기 및 방역의 강화로 장사가 더 어려워 지는 식당과 업종들은 국가에서 지원을 하여 코로나 종식까지 경제활동을 도와준다.

나) 안전성 확보를 위해 노력

- COVID19는 RNA 바이러스이기 때문에 쉽게 변이가 발생할 수 있어서 생각해야 될 변수가 많다.
- 현재 백신은 안정성 및 효과성에 대하여 임상 시험을 할 충분한 시간을 갖지 못해서 국가에서 지원해서 안전한 백신을 만들 수 있도록 백신 개발에 더 노력을 해야 한다.

다) 확진자 동선 확인 시스템

- 스마트폰 위치 추적을 활용해서 확진자의 동선을 확인할 수 있도록 앱을 만든다.
- 확진자와 동선이 겹쳤는지 쉽게 알수 있어서 바이러스의 확산을 억제할 수 있다.
- 확진자 동선 확인 시스템이 개인의 자유를 침해할 수 도 있다. 하지만 백신의 의무화는 개인의 자유 침해와 함께 가장 중요하게 생각되어야 하는 건강과 생명에 대한 치명적인 문제도 같이 있다.
- 국민들에게 이러한 내용으로 설득하고 이해하도록 하면 동선확인 시스템 앱 개발을 해서 모두가 참여하도록 하는 것이 백신의무화 보다 더 효율적이고 안전한 방법이다.

라) 백신 접종 데이터를 분석하여 위험을 예측할 수 있는 시스템 개발

- 백신을 맞은 사람들이 스스로 자신의 부작용을 공유하고 이를 데이터화 하여서 많은 사람들이 알 수 있도록 빅데이터 시스템을 만든다.
- 이렇게 모아진 자료는 사람들이 각자의 상황 (성별, 나이, 앓고 있는 병, 먹고 있는 약물, 직업, 살고 있는 지역, 가족 구성원의 수)에 따라 인공지능이 분석을 하도록 한다.
- 이렇게 모아진 빅데이터를 활용하면 백신을 맞을 사람들이 자신이 얼마의 확률로 부작용이 발생할지 예상할 수 있다. 백신을 맞을 대상자들은 자기의 정보를 입력해서 부작용 발생에 대하여 예측할 수 있고 그 예측된 부작용 확률을 보고 백신을 맞을 지 개인이 판단하여 결정하도록 한다.

마) 백신접종자 확인 시스템

- 개인의 자유와 다수의 사람들의 안전을 모두 생각해야 하기 때문에 접종자 확인시스템을 만들어야 한다.
- 백신을 모두 맞은 사람들은 마스크를 벗을 수 있는 자유를 주거나, 집합금지 인원에서 백신 접종자는 빼고 계산 할 수 있어야 한다.
- 백신접종 여부를 확인할 수 있는 어플리케이션을 개발하고 이것을 보여주면 백신접종을 하지 않은 사람보다 좀더 자유롭게 생활할 수 있게 만들어주면, 사람들이 위험을 감수하고도 집단면역을 위해서 백신 접종에 동참 할 수 있다.

8. 코로나 바이러스 논제

토론 논제	세계보건기구(WHO)에서 정식 명명한 'COVID-19'(Corona Virus Disease)이후 우리 사회에서 발생할 수 있는 문제점을 3가지 이상 제시하고 각각 문제점에 따른 해결 방안을 구체적으로 제시하시오.

Ⅰ.주장

COVID-19로 인한 경제, 교육, 환경적인 문제가 지속적으로 이어지고 있어서 이전과 같은 일상으로의 복귀가 어려운 상황이지만 생체진단키트와 맞춤백신 개발, 의료 기술 개발, 비대면 수업의 효과성을 위한 시스템구축을 하고 사회적인 제도 개선을 통해서 해결해야 한다.

Ⅱ. 문제원인의 과학적인 분석

코로나19란, 'SARS CoV-2' 바이러스로 일어나는 병으로 코로나 바이러스과에서 베타 코로나 바이러스이다.(알파 베타 감마 델타형이 있다) 코로나19의 기초감염수(R0값)은 2.2~3.3정도로, 즉 한 사람이 감염되면 평균적으로 2.2~3.3명을 감염 시킨다는 것이다. 잠복기는 2~14일 사이이며, 공통적으로 발열, 마른 기침, 피로감 등의 증상이 있다. 전 세계 치명률은 약 3.5%이고, 항바이러스제는 없다.

가. 경제적인 문제

1) 실직자 증가로 인한 가정의 경제적 불안정성 증가

- 코로나19로 인한 산업 전반적인 활동 축소로 인한 비용 감축, 인력 수급 공급 과잉으로 인한 실직자 증가, 불안정한 생계상태의 가정 증가, 폐업이 늘면서 생기는 실직자 증가 등

예) 임금노동자 10명 중 4명 "일자리 잃거나, 임금 줄어"…코로나19 후유증

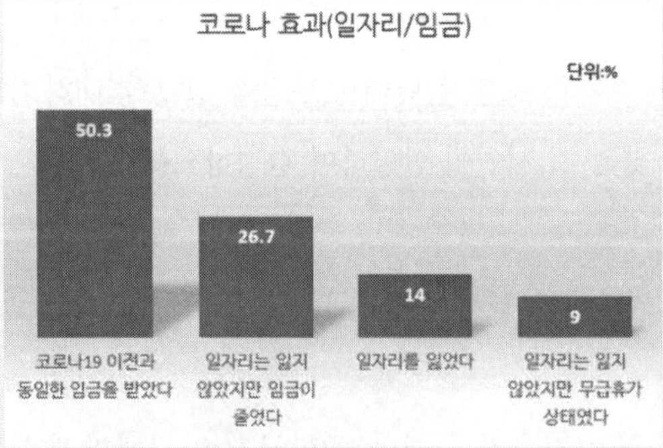

<출처: 서울대보건대학원>

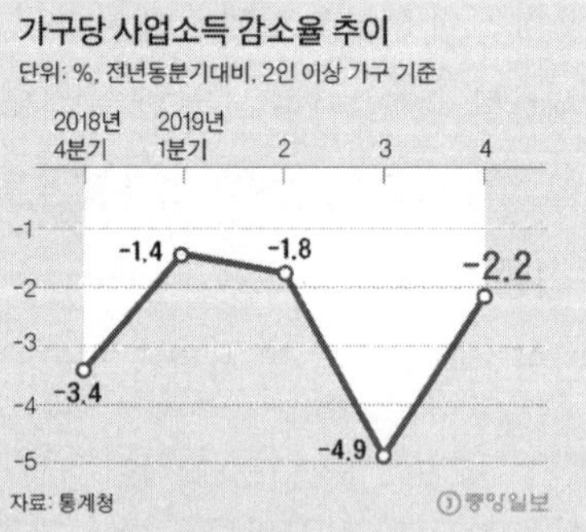

<출처: 통계청 자료>

2) 자영업자의 영업 손실로 인한 내수 시장의 불안정성 증가

소비 위축으로 인한 내수 시장 악화로 인해 자영업자의 영업 손실, 매출 손실이 증가, 자영업자의 50%가 생계를 위해서 투잡을 뛰는 등의 애로사항

3) 수출입 관련 제한

- 코로나19 발생 시 국가적 출국 및 입국 제한으로 인한 수출 및 수입 제한 발생
- 코로나19로 인한 공장 및 산업 시스템 차질 발생으로 인한 생산량 축소

(예) 국내 톱1위 자동자 회사의 중국 공장 가동 중지로 인한 부품 공급차질로 국내 완성차 공장 가동 중단 발생, 코로나 여파에 글로벌 자동차 폭스바겐, BMW, 다임러벤츠, 르노, PSA, GM, 포드, FCA, 테슬라, 도요타, 혼다, 닛산, 현대기아차 등 13개 완성차 업체들의 미국, 중국, 유럽, 인도 등 14개국 글로벌 공장 가동률을 집계한 결과 71%가 문 닫았다.

4) 국내외 경제 지표 전망 및 성장 불투명성

- 코로나 쇼크 6개월 지속 땐 실업자 118만-> 291만명 급증

나. 교육적인 문제

1) 고3 학력평가 결과 속 성적의 양극화 극대

-코로나19로 인한 등교 지연으로 학습상태의 다양한 변화 결과로 고3 학생 모의평가 점수의 양극화 심화 발생, 학습의 기회를 학교를 통해서만 얻는 학생들에게는 불리한 상태.

- 코로나19 이후에도 예전과 동일한 상황의 교실의 모습보다는 대면 수업과 비대면 수업이 병행될 가능성이 높으므로 교육 기회의 양극화가 더 높아질 것임. 올해 수학가형에서 어려운 부분인 기하와 벡터가 빠졌음에도 평균이 46.2로 압도적으로 낮음.

2) 온라인 수업 시 교육의 비효율성 및 집중도 저하

- 온라인 수업의 필요성도 높아지므로 온라인 수업이 증가하게 될 것인데 이에 대한 문제가 발생
- 온라인 수업 시 옆에서 지켜보는 사람이 없을 때 학생들이 집중 하지 못하는 문제
- 스스로 학습을 잘 할 수 있는 비율이 낮음.
- 구글사이트에 있는 개발자모드 소스창(ctrl+shift+i)을 통해서 온라인수업에 대한 출결 및 참여 여부 등 조정가능
- 코로나19온라인교육꼼수, 온라온클래스배속, 온라인클래스 매크로등으로 온라인을 통해서 방법이 확산되어 악용

다. 환경적인 문제

- 코로나19 이후에도 재유행이 발생할 수도 있어서 생활 속 거리두기 및 사회적 거리두기 유지가 계속 됨으로써 발생할 수 있는 문제
- 코로나로 인하여 경제활동이 위축되어 미세먼지가 줄어드는 등 환경적으로 좋은 점이 없지 않지만, 코로나19로 인한 전 세계적으로 불러온 경제난과 실업위기에 따라 배달음식 증가와 자가 격리 생활 증가 기간 동안 사용한 일회용기 플라스틱 쓰레기량 증가

-태국환경연구소에 따르면 연간 200만 톤 정도의 플라스틱 폐기물이 20% 증가할 것으로 전망

예) 14일간 격리 생활 후 사용한 일회용기 : 80개의 플라스틱 용기와 18개의 플라스틱 물병

Ⅲ.창의적인 문제 해결방안

가. 피부 이식 진단 키트칩과 GPS 센서를 활용한 바이러스 감염자 확진 경보 발생기 개발

전자칩에 바이러스 진단시약을 넣고 바이러스가 몸에 침투한 후 몸속 면역 반응에 따른 시약의 변화를 감지하게 한다. 이 신호를 전자신호로 보내면 정보를 스마트폰 앱이나 질병관리본부기관에서 수집하여서 바이러스 확진자에 대한 위치 추적을 하여서 최대한 전파를 막도록 한다. GPS를 활용한 감염자 이동 동선 파악을 위해 빛으로 위치를 추적하여서 확진자 경로를 명확하게 확인해야 한다.(폴라리언트 기술)

나. 코로나 변종 바이러스에 대한 치료확률을 높일 수 있는 맞춤 변신 백신개발

코로나 바이러스를 치료하기 위한 몇 가지 항바이러스 제제들이 나와 있기는 하지만 코로나바이러스와 같은 RNA 바이러스는 변이가 쉬워 백신을 만들기도 어렵고 치료법도 없는 상태다. 백신도 없다. 변이가 잦기 때문에 백신이나 치료제를 만들기 어렵고 대증적 치료(원인치료가 아닌 증상치료)를 할 뿐이다. 이를 위해서 백신 변종에 따라서 변종유전자에 따라서 변하는 약을 인공지능 분석 시스템과 결합하여서 신속하게 만들 수 있도록 한다.

다. 보건적으로 해결할 수 있는 방안

1) 코로나가 어느 한 나라가 아니라 전 세계적으로 유행하고 있으므로, 체재나 이념, 종교적인 차이나 경제적인 지위와 상관없이 전 세계인이 누구나 쉽게 이용할 수 있는 (저렴한) 코로나 예방 백신을 개발하고 코로나 치료제를 개발하는 것이 코로나 전파(팬 데믹) 이전과 같이 경제활동 및 교육을 정상화 필요성이 있다.

2) 유엔 산하 WHO(세계보건기구) 등 전 세계적, 범인류적인 기구를 통한 코로나 백신 및 치료제 개발해야 한다.

3) 보다 낮은 가격으로 코로나 백신 및 치료제가 개발될 수 있도록, 천문학적인 투자(개발)비용이 드는 신약개발에 여력이 있는 다국적 제약회사와 WHO(세계보건기구) 등이 협약을 맺어 당장 치료제를 개발하는데 필요한 인적, 물적 지원을 범정부적이고 전 세계적인 기구(WHO 등) 차원에서 추진한다.

4) 개발된 코로나 백신 및 치료제를 공중보건시스템이 취약한 국가(아프리카 등) 및 코로나 발병률이 상대적으로 높은 국가에 우선적이고 집중적으로 투입하여 코로나 확산을 방지하도록 하여야 한다.

라. 경제적 손실을 줄이기 위한 방안

1) 코로나 확산 방지를 통한 경제활동 축소 문제는, 코로나19 사태 이후에, 빅데이터를 활용하여 코로나 사태 도중 타격을 많이 입은 산업들을 확인하고, 그 산업들을 우선적으로 지원하여, 코로나 사태 이후에 정상적으로 경제가 돌아가도록 한다.

2) 실직자 문제는 고용보험제도를 강화하여, 근로자가 아닌 자(문화예술인, 특수고용관계 종사자)에

게도 고용보험적용을 확대하여 실시할 필요가 있다. 근로자 아닌 자의 경우 고용보험금을 얼마나 부과할 것인지 사회적 합의가 필요함. 국민의 대표가 모인 국회에서 적극 연구할 필요가 있다.

3) 자영업자의 손실 및 폐업 증가 문제는, 자영업자에 대한 고용보험제도의 확대 적용방안 외에, "긴급 재난지원금"(태풍 등 재난지역 주민들에 대한 재난지원금 지급처럼 코로나로 인한 자영업자의 손실 또한 재난에 준하여 일시금으로 자금을 지원하는 방안) 지급 또는 "기본소득제" 도입(일정 기준의 국민에게 기본소득으로 매달 OO만원을 지급하는 방안)을 고려해야 한다.

4) 국내외 경제지표 둔화 및 성장전망 불투명 문제는 코로나의 전 세계적 대유행이 장기화되는 경우에 대비하여 비교적 경제활동을 줄이면서도 활발한 교류를 할 수 있는 경제로의 전환이 필요할 것으로 예상되고, 화상회의, 화상진료 등 비대면 경제를 활성화하고 이를 기초로 전 세계에 자동차 수출을 하는 것처럼, 코로나 시대에 적합한 경제 분야를 발굴하여 적극적으로 성장시키고, 수출까지 할 수 있다면 좋을 것으로 생각해야 한다.(예: 진단키트, 마스크, 인공호흡기 등 K 방역의 수출)

마. 온라인 교육의 활성화 및 내실화를 위한 해결방안

1) 온라인 교육에 필요한 인프라(데스크탑이나 노트북, 광통신망, 와이파이 보급 등)가 제대로 갖춰지지 못한 지역에 대하여 인프라 확충 지원해야 한다.

2) 온라인 교육 외에 보충교육(사교육) 편중을 완화하기 위한 온라인 보충교육(과외)의 보편화 필요성이 있다.(즉 기본적 온라인 교육 외에 학원교육, 과외와 유사한 효과를 주는 온라인 교육 프로그램의 확대)

3) 온라인 수업 시 집중도를 높이기 위한 소프트웨어 연구 개발을 해야 한다.(예: 자동차 졸음운전 방지를 위한 기술, 사람의 눈의 눈 깜박임의 횟수, 시간, 홍채의 각도를 파악하여 졸음 증상이 보이는 경우 경고(alert) 신호음 발신 등과 유사한 장치의 컴퓨터 장착 등)

〈텍스트 입력창을 지속적으로 화면에 띄우는 방법으로, 학생들이 강의를 접속하고 딴 짓을 하는지 확인 할 수 있는 방법이다. 만약 틀리게 된다면, 약 5분정도의 짧은 간격으로 팝업이 뜨게끔 만들어, 학생들이 집중을 하게 만든다.〉

바. 코로나 진단의 정확도를 높이는 의료기술 및 치료 기술의 개발

1) 코로나 진단의 정확도를 높이기 위하여 더 많은 보건 및 의료 전문기업이 창업될 수 있도록 하고, 보건의료 분야 외에 생물학 등 자연과학, 전자공학, 물리학 등 다방면의 전문가를 긴급히 차출하여 투입하는 방법으로 보건의료 분야 스타트업 기업을 지원 및 육성하기 위한 정책을 개발해야 한다.

2) 코로나19 전담병원 소속 의료진 및 임직원에 대한 휴가 일수 확대(코로나와의 장기전에 대비하기 위하여 충분한 휴식을 부여할 필요가 있음) 및 코로나19 전담병원에 대한 정부와 지방자치단체의 재정적 지원해야 한다.

3) 전국민적 동의를 거쳐, 우리나라의 앞선 국민건강보험공단(국민건강보험심사과), 식품의약품안전처, 질병관리본부(질병관리청) 등 보건복지부 및 그 산하기관에서 가지고 있는 보건의료정보를 통합하고 관련 정보를 빅데이타 분석에 활용할 수 있도록 동의하는 특별법을 제정하여, 보다 효율적인 보건 및 의료 시스템을 구축해야 한다.

4) 이를 활용하여 K-방역 시스템을 구축하여 전 세계에 수출하여 거기서 나온 이익을 정부와 민간이 합리적으로 분배하고, 그 이익의 일부를 K 보건 및 의료 지원에 활용한다.(즉 보건의료정보를 빅데이타 분석 방법으로 활용한 K-방역시스템을 수출하여 그 이익으로 필요한 재원을 조달함)

5) 감염되지 않은 사람 수, 감염된 사람 수, 완치된 사람 수를 각각 구하여, SIR모델에 대입을 한다. 그 이후, 시뮬레이션으로 미래에 감염될 사람 수, 확진자 증가 추이 등을 인공지능으로 예상하여 코로나 전담병원을 재지정하거나, 지정 해제를 하는 시스템을 도입한다.

*이때 코로나 전담병원으로 지정된 일수를 계산하여 보상하는 제도를 만든다.

사. 일회용플라스틱 쓰레기 축소 및 활용 문제

1) 폐플라스틱 고형연료 활용: 가연성 산업폐기물을 선별, 파쇄, 분쇄, 성형을 거쳐서 생산된 것으로 이용 한다.(RPF 시설을 활용한 연료화)

2) 일회용 용기사용 축소: 용기를 최소화 할 수 있는 메뉴 개발, 우주 식량에 이용되는 음식 포장방식 이용하여 포장용기의 최소화, 플라스틱이 아닌 종이나 재활용이 가능한 용기를 활용 확대해야 한다.

3) 음식 배달 방식의 변화: 음식 배달 시 집에 있는 용기에 담아주는 방식 활용, 배달 시 일회용기사용을 제한한다.

9. 기후변화 논제

토론 논제	기후변화로 발생 되는 여가 가지 이상 현상 중 생물계에 끼치는 영향이 급격히 증가하고 있다. 기후와 생물계의 변화를 일으키는 국내·외적인 원인을 정확히 밝히고, '위기를 기회로'라는 말처럼 환경 변화에 따라 변화될 국내 상황(농업, 산업, 에너지, 공학 분야 등)을 예측하여 과학적인 해결방안과 근거를 들어 논하시오.

1. 주장

기후변화로 인한 다양한 국내외적인 생태계환경 및 에너지 관리적인 위기가 있지만 빅데이터기반의 농업생산량 관리 시스템과 스마트그리드의 이용확대를 통한 신재생에너지 효율성 증대 그리고 전기차 활용능력 향상을 위한 초고효율 베터리 개발 증진을 통해 기회를 얻어 해결할 수 있다.

2. 문제 원인의 과학적인 분석

가. 기후변화

1) 기후 변화의 정의

기후변화는 지구의 평균 기온이 변하는 현상이며, 일정한 지역에서 장기간에 걸쳐서 진행되고 있는 기후의 변화

2) 국내외적으로 생기는 자연적 원인

a. 기후 시스템과의 상호작용 : 대기가 기후시스템의 주요 구성요소는 대기권, 수권, 빙권, 지권, 생물권과의 상호작용을 통해 끊임없이 변화하는 과정에서 기후변화를 유발

b. 태양에너지의 변화 : 태양 흑점 수와 10만년 주기로 변하는 지구의 공전궤도의 이심률이 태양복사에너지량을 변화시키고, 지구 자전축의 기울기가 약 4만년 주기로 22.1°~24.5° 사이에서 변하면서 각 위도에서 일사량 변화를 유발한다. 지구 자전축의 세차운동으로 인해 태양-지구간 근일점 변화가 발생

예) 유럽, 북미 대륙의 경우, 흑점이 많은(적은) 기간에는 온도가 낮았다(높았다).

◇ 근일점 :타원인 지구의 공전 궤도 상에서 지구가 태양으로부터 가장 가까워지는 위치

◇ 이심률 :타원이나 포물선 등이 원에서 벗어난 정도를 나타내는 값

c. 화산폭발에 의한 태양에너지 변화 : 화산분출물이 성층권까지 상승하여 수개월~수년 동안 머물며 태양빛을 흡수하여 성층권 온도는 상승하나 대류권에 도달하는 태양빛이 감소되어 대류권온도를 하강시킴

예) 인도네시아 토바 화산폭발, 지중해 산토리니섬 폭발 등

d. 해류의 순환: 적도 태평양은 평소 무역풍이 불어 동쪽 해역의 온도가 낮고 서쪽 해역의 온도가 높지만, 동쪽 해역의 수온이 높아지는 현상인 엘리뇨와 서쪽 해역의 수온이 비상적으로 높아지는 현상인 라니냐는 전 지구적인 이상기후를 발생시킴.

3) 국내외적으로 생기는 인위적 원인

a. 온실가스 : 인류의 활동에 의하여 발생한 지구 온실 가스(Green House Gases) 배출량은 산업화 이전 시대부터, 1970년~2004년 사이에는 70% 증가, 주요 6대 온실가스는 이산화탄소(CO_2), 메탄(CH_4), 아산화질소(N_2O), 수소불화탄소(HFCs), 과불화탄소(PFCs), 육불화황(SF6)가 지정됨. 인간 활동으로 생성된 온실가스는 지표에서 나오는 장파 복사의 온실 효과(natural greenhouse effect)를 강화시킴. (*온실효과와 온실가스에 대한 자세한 설명은 '온실효과란', '온실가스특성' 메뉴 참고)

b. 에어로졸의 영향 : 에어로졸이란 기체상에 부유하는 미세입자로 액체나 고체의 입자가 기체 내에 미세한 형태로 균일하게 분포되어있는 것. 방출된 화합물로부터 생성되는 에어로졸은 화석연료와 바이오매스 연소로 인해 황화합물, 유기화물, 검댕을 함유하고 발원지역 부근에 집중되는 경향성

c. [메뚜기떼 사건 관련] 도시화와 토지 관리: 도시화나 토지 관리 측면에서 메뚜기들이 살만한 장소, 터전이 없어졌었는데 해남 지역 환경이 좋은 서식처가 될 수 있음. 또한, 메뚜기를 먹이로 삼는 천적들이 농약으로 씨가 말라버려서 생태계 균형이 일시적으로 파괴되었고, 이 때문에 황충떼가 일어난 것임.

나. 지구온난화

1) 지구 온난화의 정의: 인간의 활동으로 인하여 발생한 오존기체로 인하여 대기 중의 온실가스 농도가 증가함에 따라 지구에서 방출되는 열이 우주로 빠져 나가지 못하고 온실가스에 과다하게 흡수되어 지구의 열 균형에 변화가 발생함으로써 '자연적 온실효과'에 의한 적절한 온도보다 지나치게 더워지는 현상.

《America's Climate Choices》, Washington, D.C.: The National Academies Press. 2011. 15쪽. ISBN 978-0-309-14585-5 (대한민국 산림청: 지구온난화란 무엇인가?)

2) 지구 온난화를 일으키는 요인

a. 인류의 활동에 의한 지구 온난화 분석

역사서에 따르면 현재 이전의 간빙기에서도 지금과 비슷한 형태의 기온 변화가 있었다고 보이지만 신빙성이 부족하고, 중세 등의 과거에 일어난 기온의 변화는 현재의 모습과는 다름. 그 당시와는 달리 현재 일어나고 있는 기온의 상승 현상은 자연적 현상으로 치부하기에 다소 급격하다고 판단을 내릴 수 있음.

(김상지, 에너지 경제 "그들은 왜 기후변화를 부정할까", 2017.06.22)

b. 인류의 산업적 활동과 이를 함으로써 발생되는 온실가스 등으로 인해 일어나는 지구 온난화의 심각성

- IPCC 5차 평가보고서에서는 20세기 중반 이후 지표면 평균온도 상승의 가장 큰 원인은 인간 활동이며, 산업혁명 이후 인간 활동은 오존기체들을 생성. 특히 화석 연료는 지난 20년간의 이산화탄소 생산 수치의 75%를 차지함.

c. 자연적인 원인으로 인해 일어나는 기온 변화와 실제 지구 온난화의 차이

- 태양 표면의 흑점 폭발로 인해 지구의 오존층이 파괴되고 그 때문에 기온이 상승하게 된다는 이론이 제기됨. 이런 주장을 하는 과학자들은 지구의 온도가 높았던 때와 태양 흑점 폭발 시기가 일치한다는 점을 들었지만, 태양의 온도는 수십년에 걸쳐서 변화하는 것이 정상. 또한, 태양의 온도가 미치는 영향은 지구의 온도 변화에 영향을 거의 미치지 못함.

다. 환경 변화에 따라 변화될 우리의 문제

지구온난화는 기후뿐 아니라 지구생태계 전체를 변화 시키고 있음. 기후가 변화하게 되면 생태계가 파괴되고, 생태계 먹이사슬의 가장 마지막에 속한 우리 인류의 삶에도 영향을 미치게 됨. 그런데 이산화탄소와 메탄을 줄인다고 공기 중의 온실가스를 줄인다고 지구는 금방 나아지지 않음. 지금 당장 온실기체를 줄인다 해도 300년이라는 긴 시간이 걸린다고 함. 육상 및 민물에 서식하는 많은 생물 종들은 21세기 동안과 그 이후에 예상되는 기후변화로 인해 멸종위기에 처할 위험이 더욱 높아짐. 특히 기후변화가 서식지 변경, 남획, 오염 및 침해 종 등과 같은 다른 요인들과 상호작용할 경우 그러함.

- 기후와 관련된 위험 요소들은 다른 요소들을 악화시키는데 특히 빈곤지역 사람들의 생계에 종종 부정적인 결과를 가져온다.

라. 기후변화로 예상되는 영향

1) 농업계 영향

a. 곡물 수확량 변동

b. 병해충 발생-농작물에 피해 / 예) 갈색 여치에 의한 사과, 복숭아, 포도, 콩 등의 피해

c. 농작물의 품종 변경-해양 생태계, 수산업

2) 국내 산업 영향 및 대응방안

a. 환경규제 강화 → 무역장벽 발생: 기후변화 대응을 목적으로 전 세계는 환경규제를 강화하고 이로 인해 새로운 무역장벽이 발생

b. 에너지 효율이 높은 제품 사용을 위한 규제 강화: 세계 각국은 에너지절약, 탄소배출량 감소 등의 이유로 에너지효율이 높은 제품을 사용을 위한 규제를 강화

c. 에너지 효율 표시 의무화 제도: 제품에 대한 에너지효율 표시 의무화 제도를 시행 중

d. 녹색무역조치 : 무역에 영향을 미치는 기후변화 관련 녹색무역조치를 취하고 있음.

마. 기후변화에 따른 공학 분야의 변화

오랜 기간 동안 많은 전문가들은 기후변화 문제에 대처하기 위한 방안을 모색해 왔고, 그 방안 중 하나로 '지구공학'이라는 기술이 고안됨.

1) 지구공학 기술이란?

지구공학 또는 기후공학은 기후변화, 지구온난화를 막기 위해 의도적으로 그리고 대규모로 기후시스템을 조절하고 통제하는 새로운 과학기술 분야. 지구공학으로 기후변화를 막는 방법에는 크게

두 가지 유형으로 첫 번째로 온실가스를 직접 제거하는 유형이 있고, 두 번째로는 지구에 도달하는 태양복사에너지를 줄이는 유형이 있음.

a. **대기로부터 이산화탄소를 제거하는 유형**(Carbon Dioxide removal, CDR)

CDR은 대기 중의 이산호탄소를 직접 제거하거나 나무를 많이 심는 등의 간접적인 방법을 사용

① 해양 비옥화 - 바다에 영양물질을 뿌려 식물 플랑크톤을 많이 증식시킴으로써 플랑크톤이 광합성을 하여 이산화탄소를 유기물 형태로 저장

② 탄소 포집과 저장 - 여러 배출원에서 배출된 이산화탄소를 포집하여 액체 상태로 저장하는 방법

③ 인공 나무 - 공기 중의 이산화탄소를 흡수하는 인공나무를 설치하는 방안

b. **지구에 입사하는 태양복사 에너지를 조절하는 유형** (Solar Radiation Management)

SRM은 지구에 도달하는 햇빛의 양이 줄면 즉각적으로 지구의 온도를 낮출 수 있다. 실제로 제안된 지구공학 기술

① 인공구름- 큰 펌프로 바닷물을 하늘에 뿌려 구름을 만드는데 이 구름이 햇빛을 반사시켜 지구에 들어오는 햇빛의 양을 줄임.

② 우주 거울 - 우주에 거대한 반사판을 설치하여 우주로 햇빛을 반사시키는 방법

③ 하얀 지붕 - 건물의 지붕 혹은 옥상을 하얀색으로 칠해서 햇빛 반사율을 높일 수 있음.

④ 인공 화산 - 화산재가 햇빛의 입사를 막는 효과를 이용하여 성층권에 황산화물을 뿌려 지구 표면에 도달하는 햇빛을 줄이는 방법

⑤ 바다 미세기포 - 계면활성제로 선박이 항해할 때 생성되는 기포의 지속 시간을 10분에서 10일, 밝기도 10배 높이면 2069년까지 평균온도를 0.5˚C까지 낮출 수 있음.

3. 창의적 문제 해결 방안

가. 인간은 오존층 파괴 문제를 거의 해결한 선례가 있으며, 최근 다른 환경오염에 대한 해결책 및 규제도 마련되어지고 있다.

- 1950년대 가장 큰 환경문제로 치부되었던 성층권 오존층 파괴는 Montreal Protocol(1989)를 기준으로 CFCs를 줄임으로써 현재 회복세로 돌아선 모습을 보임 (NASA, 2015).
- 플라스틱 쓰레기 등을 생물학적인 방법으로 해결할 과학적인 기술이 확보되고 있음.

ex) 플라스틱 오염물질을 먹이로 삼을 수 있는 미생물의 발견(Dunne, "Newly-evolved microbes may be breaking down the plastics polluting our oceans", Mailonline, 2017. 5. 30)

⇒ 앞으로 문제가 될 수 있는 지구의 환경문제들을 극복할만한 과학 기술 개발이 꾸준히 이루어짐.

나. 신재생에너지 분야 및 방사능 폐기물의 재이용 등에 관련된 기술이 성장해 자원 문제를 해결 가능.

- 풍력, 태양광 등 신재생 에너지를 이용한 발전의 비율이 세계적으로 두드러지게 성장함.

ex) 허완, "포르투갈, 4일 동안 재생에너지만으로 모든 전력을 공급", 허핑턴포스트코리아, 2016. 5. 19

- 우라늄-238과 같은 핵 폐기물을 다시 에너지로 이용하는 방법 등이 개발을 앞두고 있으며, 빌게이츠를 비롯한 부호의 많은 투자가 이어지고 있음 (Wald, "Atomic Goal: 800 Years of Power From Waste", The New York Times, 2013. 9. 24)

⇒ 그러나 지구와 같은 복잡계의 변화를 예측하는 것은 어려우며, 현재 인간이 일으킨 지구의 기후변화가 기존과 달리 매우 급격해 예측을 벗어나는 방향으로 진행될 가능성 또한 높다.

ex) 지구온난화에 따라 태풍과 같은 자연재해의 발생 빈도가 매우 가파르게 증가할 것으로 예상됨 (Emanuel et al, PNAS, 2013)

ex) 기후 변화에 따른 생태계의 민감도(vulnerability)가 적응(adaptation)에 비해 더 커서 파괴적인 결과를 야기할 수도 있다는 연구가 존재(Parry et al, Climate change 2007: impacts, adaptation and vulnerability, 2007)

다. 인공지능 및 빅데이터 기반의 해결책

1) 기후변화에 강한 농업생산량 일정관리 시스템 도입

- 세이프 테라포밍 시스템: 기후변화에 따른 농산물 생산량을 예측하여서 기획 생산 관리 유통의 관리를 통해 안전하게 농사를 지을 수 있음. 병충해에도 안전하게 친환경적인 농산물 생산이 가능하며, 기후 변화에 관계없이 일정한 온도, 습도, 영양 공급을 인공 지능적으로 관리할 수 있음.
- 스마트팜 기술: 기존의 농산업에 IoT(사물인터넷), 빅데이터, 클라우드, 인공지능 기술 등 첨단 기술을 융합한 기술이며, 농산업의 생산 유통 소비 등 농산업 전체의 생산성 & 효율성 증대 및 품질 향상을 추구함.

ex) 시설 원예 분야: 작물의 생육 및 환경정보에 대한 데이터를 수집하여 최적의 생육 환경 조성 → 노동력, 에너지, 양분 등을 최소화하면서 농산물의 생산성 향상 (여현. (2019). 머리말. 한국통신학회지(정보와통신), 36(3), 2-2.)

ex) 스마트팜 기술을 이용한 스마트 온실: 부여군에 위치한 한 농업 법인에서 스마트 온실을 운영하며 센서를 통해 환경정보와 생육정보를 수집하여 빅데이터 구축을 통해 최적 생육환경 조성을 추구함. (홍정민, 김동호, 서정학, 〈스마트팜을 더 스마트하게〉, 농수축산신문, 2018.04.18.)

2) 전염병으로 인한 예측 불허한 상황에 대처하기 위한 시스템 도입

- 스마트 가축방역: 가축 방역은 예방, 예찰, 진단, 통제, 사후 관리 등의 5단계로 구분하여 운영하고 있으며 디지털 가축방역 시스템은 모든 프로세스 단계를 디지털화하여 관리의 효율성과 효과성을 높이는 시스템임. 디지털 가축방역 시스템은 질병 발생 정보, 방역상황 정보, 질병 분석정보 등에 대한 정보를 제공함으로써 가축방역에 필요한 데이터와 정보를 제공함.

ex) 가축 원격진료 플랫폼 기술: 가축을 직접 진료하지 않고 원격으로 웹캠을 이용해 진료함. 원격 진료를 통해 가축의 체온과 맥박 등을 측정할 수 있음. (이정영, 고상민, 김민종, 지용구, 김훈태, 〈한국전자거래학회지, 23(4), 2018.11, 109-126)

ex) 드론 촬영 영상 등 공간정보를 활용한 질병 발생 대응: 항공 촬영 드론 도입을 통한 가축 방역맵을 구축하기 위해 항공 촬영 드론 도입을 통한 전국 축산농장 항공 촬영 및 3차원 증강현실 영상 촬영. 이를 바탕으로 항공 촬영용 드론의 카메라를 통해 질병 발생 지역의 소독 시스템 구축할 수 있음. (이정영, 고상민, 김민종, 지용구, 김훈태, 〈한국전자거래학회지, 23(4), 2018.11, 109-126)

라. 신재생에너지 개발 활성화

- 신재생 에너지는 탄소 배출량을 줄일 수 있는 미래 에너지원이다. 스마트 그리드 시스템에서는 전력 공급을 유연성이 매우 커진다. 필요한 수요에 맞춰 전력을 공급하게 된다. 따라서 태양광과 풍력의 전력 생산이 들쭉날쭉하더라도 큰 문제가 되지 않음. 스마트 그리드는 기존의 전력 시스템에 IT 기술을 합쳐서 에너지 효율을 최적화 한 전력망의 진화된 형태이고 전력을 일방적으로 내려 보내는 대신, 공급자와 수요자가 IT 통신망을 통해서 원활하게 정보를 주고받는 방식임. 즉, 에너지 효율을 최적화하는 차세대 '지능형 전력망'을 의미함. 스마트 그리드의 구축을 통해 우리가 얻을 수 있는 효과 중 가장 중요한 효과는 신재생 에너지 이용의 극대화임. 스마트 그리드는 전력 공급의 단위를 지역별로 분산할 수 있다는 점도 장점임. 그때그때 정확한 수요가 파악되기 때문에 그에 딱 맞는 전력만 생산하면 되고, 굳이 대형 설비를 갖출 필요가 없음. 지역별 작은 단위의 전력 생산 설비만 갖춰도 충분함. (이미나 기자, 〈[미래기술25]②전기 사용량 딥러닝.. 블랙아웃 막는 백기사〉, 이데일리, 2018.11.05.)

마. 전기차 활용능력을 향상을 위한 배터리 생산 및 기술 개발 확대

향후 시장성을 확보하기 위해서는 배터리 전기 차는 배터리팩 에너지밀도 향상을 통한 주행거리 향상과 기존 리튬이온 배터리 기술 개선 및 차세대 배터리 개발을 중심으로 핵심 기술 개발을 통해 가격 저감을 이룩해야 함. 수소연료전지 전기차의 가격은 배터리 전기차보다도 높은 수준으로, 연료전지 스택에서 백금 사용량을 최소화하는 기술, 저가의 수소 저장용기 개발 등을 중심으로 차량 가격을 현재 출시된 차량의 절반 수준으로 줄여야 함.

Science debate contest

Part 8 과학토론대회 예상 논제 총정리

다음의 다양한 토론 논제들을 바탕으로 토론개요서를 작성하는 연습을 하면 매우 많은 도움이 될 것입니다. 어떠한 논제가 나올지 모를 때는 다양한 논제로 토론개요서를 작성해보면 좋습니다. 그리고 평소에 다음의 다양한 논제들에 대한 개요서를 작성하면서 꾸준하게 과학토론대회를 준비해 놓는 것도 매우 좋습니다.

토론논제 1. 인공지능

문제 상황	루빅스는 독자가 평소 관심을 두는 기사, 독자와 성별과 연령대가 같은 집단이 많이 관심을 두는 기사 등을 분석해 기사를 선별 및 배치하고 모바일뿐 아니라 PC 뉴스 편집에도 적용돼 있다. 뉴스를 편집하는 AI는 광의의 로봇 저널리즘이라 할 수 있다. 기사 취재, 작성뿐 아니라 편집, 교열도 저널리즘의 중요한 과정이기 때문이다. 인터넷 포털이 뉴스 편집권을 AI에 일부 위임하는 노림수는 크게 두 가지로 분석된다. 편리한 뉴스 서비스를 명분으로 내세우지만, 그만큼 포털이라는 가두리 안에서 더 오래, 더 많은 기사를 읽도록 만드는 효과가 있고, 이는 포털의 광고 수익 증가로 귀결된다. 사회·정치적 책임도 회피할 수 있다. 사람이 아닌 AI가 뉴스를 편집하면, 포털도 언론으로서 역할과 책임을 다하라는 외부 압력에 변명거리가 생기기 때문이다. 국내 포털은 여전히 언론이 아니라 IT 기업이라 주장하고 있다. 페이스북이 지난달 자사를 새로운 종류의 언론이라고 사실상 인정한 것과 차이가 크다. 전문가들은 AI에 의한 뉴스 편집이 중장기적으로 저널리즘의 지나친 상업화를 부추기고, 포털에 뉴스를 제공하는 기성 언론의 공공적 역할마저 약화할 수 있다고 우려한다. 또 가전제품에 AI를 도입하는 것과 뉴스에 AI를 도입하는 것은 근본적으로 다른 이슈인데, 포털이 과연 그런 가치 평가와 고민을 거친 것인지 의심한다.
토론 논제	정보와 IT기술의 산물인 '인공지능'의 개발을 도덕적 사회적 문화적 측면에서 분석하여 개발을 추진해야 할지 막아야할지 근거를 제시하고, 인공지능에게 필요한 인간의 윤리적 사상인 추상적 개념을 가르치는 방법을 과학적이고 창의적으로 제시하시오.

토론논제 2. 인간복제

문제 상황	최근 미국 포트랜드 오리곤 보건과학대학 교수인 Shoukhrat Mitalipov가 배아줄기세포를 이용한 세포복제를 성공했다는 소식이 주목을 받았다. 기술이 가져다 줄 희망과 함께, 한편으로는 먼 미래의 문제이지만 인간복제가 불러올 비윤리적인 사안들에 관한 혼란과 우려를 표하는 의견도 많다. 과학의 발전과 더불어 전통적인 인간 개념이 도전받고 있다. 유전학 혁명과 더불어 인간 복제기술이 내포하고 있는 새로운 인간 개념과 전통적인 인간 개념 사이에 생길 수 있는 갈등은 이제 현실적으로 조금씩 다가오고 있다. 공상 과학소설에서나 있을 법했던 상상이 손에 잡힐 듯 가까워졌다. 그러나 과학계에서는 합리적인 가능성을 생각하면 인간의 복제에 대한 논쟁은 여전히 부질없는 일이라 주장한다. 수 많은 동물복제 실험들에서 나타났듯이 복제에 성공할 확률 자체가 매우 낮고, 복제에 성공한 동물들 또한 짧은 수명과 기형이 나타나는 등 인간복제의 비현실성을 드러내는 실험결과들을 그 근거로 하는 주장이다.
토론 논제	의학적 효용성, 과학의 발전과 인간의 존엄성과 비윤리적 악용을 고려하여 인간 복제 기술을 개발해야 할지 개발을 막아야 할지 근거를 제시하고 복제된 인간을 구분하는 방법을 과학적이고 창의적으로 제시하시오.

토론논제 3. GMO

문제 상황	구조생물학자 출신인 벤키 라마크리슈난(Venki Ramakrishnan) 왕립학회 회장은 최근 BBC뉴스와의 회견에서 "대중들이 유전자변형(GM) 작물 기술을 오해하고 있다"고 지적하면서 "유럽은 GM작물에 대한 금지 조치를 재고해야 하며 지금이야말로 그 인식을 바로 잡아야 할 때"라고 주장했다. 2009년 노벨 화학상 공동 수상자이기도 라마크리슈난 회장은 "전체적인 기술(entire technology)"을 금지하는 것은 적절하지 않으며 GM작물들은 케이스 별로 재평가해야 한다고 말했다. 그러나 반대론자들은 GM작물들은 시험과정을 거치지 않았으며 금지 조치는 계속되어야 한다고 맞서고 있다. "GM은 단순히 어떤 특정한 성질을 다른 식물에 주입해 넣는 기술이다. 이러한 성질의 주입이 적절한지 그 여부는 개별적인 판단에 따라 결정되어야 한다."고 그는 말했다. "건강과 환경에 미치는 영향을 시험해 그에 따라 선택여부를 결정해야 한다"고 강조하면서 "전체적으로 이 기술을 금지하는 것은 적절하지 못한 조치."라는 견해를 표시했다. 그의 발언은 독립적인 연구기관인 왕립학회가 GM작물과 관련해 출판한 가이드북 배포 시점과 일치한다. 유럽에서는 현재 식용 GM제품은 판매되고 있지 않으며 상업적으로도 재배되지도 않고 있다.
토론 논제	GM작물의 안전성, 사회 경제성, 생물의 다양성 등의 사회 과학적 요소들을 고려하여 GM작물의 재배를 추진해야하는지 재배를 중단해야하는지 근거를 제시하고 GM의 안전성을 실험하기 위한 과학적이고 창의적인 방법을 서술하시오.

토론논제 4. 기후변화

문제 상황	지구 생태계는 크게 생물체계를 의미하는 바이옴(biome)과 그들의 생활환경이 되는 서식처(habitat) 두 가지 요소로 구성된다. 바이옴과 서식처를 구성하는 많은 요소들이 서로 밀접하게 연계돼 다양한 차원의 생태계를 이루고 있다. 그러나 기후변화로 인해 이 생태계가 심각한 타격을 받고 있다. 이스라엘의 유력 일간지 '하아레츠(Haaretz)'는 플로리다대, 홍콩대가 공동 작성한 연구논문을 인용, 지구 생태계의 82%가 기후변화에 의해 이미 큰 충격을 받았다고 지난 15일 보도했다. 최근 기후변화는 지구온난화에 따른 것이다. 지구 평균 기온이 산업혁명 이전과 비교해 이미 1°C 올라갔다. 기온 상승은 남·북극 빙하를 녹이면서 1870년 대비 20cm에 달하는 해수면 상승으로 이어졌다. 문제는 이런 지구환경 변화가 곳곳에서 생태계에 변화를 주고 있다는 점이다. 논문의 주저자인 플로리다 대학의 브렛 쉐퍼즈(Brett Scheffers) 박사는 "이로 인해 유전자(genes)에 큰 변화가 일어나고 있다"고 말했다. 유전자에 변화가 일어난다는 것은 생물의 크기가 달라지고, 이전과 다른 여러 가지 유형의 생리적 현상이 일어나고 있다는 것을 의미한다. 쉐퍼즈 박사는 "생태계가 강한 스트레스에 시달리면서 생태계 전반에 근본적인 변화가 일어나고 있다"고 말했다. 지구 생물의 유전자 변이가 일어나고 있다는 것은 지구 생태계 질서에 근본적인 변화가 일어나고 있다는 것을 말해주는 것이다. 에딘버러대학 진화생물학연구소는 "치명적인 변이현상이 늘어날수록 유전자 변이는 훨씬 부정적인 결과를 낳을 것"이라고 경고한 바 있다.
토론 논제	기후변화로 인한 문제점들 중 사람들에게 가장 치명적인 피해를 주는 문제점을 과학적인 근거를 들어서 제시하고, 기후변화로 인해 고위도 중위도 적도 부근의 생태 변화 모델을 과학적으로 제시하시오.

토론논제 5. 바이오에너지

문제 상황	바이오연료는 오랫동안 화석연료 의존을 줄여 차량의 온실가스 배출을 감축하는 중요한 방법으로 생각되어 왔다. 비단 바이오연료만이 아니다. 바이오플라스틱을 비롯해 바이오 소재 제품들은 생분해가 가능하고 퇴비화가 가능하기 때문에 환경적 충격을 줄일 수 있다는 이유로 소비자들로부터도 사랑을 받아왔다. 이런 바이오연료가 일반 화석연료보다도 더 나쁘다면 어떻게 될까? 온실가스를 더 많이 배출한다면 말이다. 최근 미국 미시건 대학 과학자들은 에탄올과 바이오디젤과 같은 바이오연료가 본질적으로 탄소 중립이라는 인식에 도전장을 내밀었다. 바이오연료가 오히려 지구환경에 더 해롭다는 연구결과를 내놓았다. 탄소중립(carbon neutral)이란 배출된 이산화탄소의 양을 흡수할 만큼 나무를 심거나 청정에너지 분야에 투자해 실질적인 이산화탄소 배출량을 0으로 상쇄시키는 것을 말한다. 즉, 지구온난화의 주원인인 이산화탄소의 발생을 줄이는 노력의 일환이다. 탄소제로(carbon zero)라고도 한다. 연구를 주도한 미시건 대학 에너지 연구소의 존 데시코(John DeCicco) 교수는 기존의 믿음과 달리 바이오연료가 연소될 때에 배출되는 이산화탄소와, 식물이 재배될 때에 섭취되는 이산화탄소 사이에서 충분한 균형을 이루지 못한다고 밝혔다. 연구팀은 바이오연료 생산이 빠르게 증가하는 기간 동안에 작물에 의한 이산화탄소 섭취의 증가가 바이오연료 연소로 인한 이산화탄소 배출 증가의 37%만을 감소시킨 것으로 나타났다고 지적했다. “탄소배출을 줄이는 것이 아니라 더 늘려” 연구팀은 여기에서 더 나아가 바이오연료 이용의 증가가 온난화의 주범인 이산화탄소 배출을 줄여준다는 주장과 달리 실제로는 늘리고 있다고 결론을 내렸다. 이번 연구 결과는 8월 25일자 학술지 ‘Climatic Change’ 온라인 판에 ‘Carbon balance effects of U.S. biofuel production and use’라는 제목으로 발표되었다.
토론 논제	신 재생에너지인 바이오 연료의 개발을 환경적 사회 과학적 요소를 고려하여 개발이 되어야하는지 개발을 중지해야하는지 근거를 들어 제시하고, 우리나라에서 이산화탄소 배출량을 줄이기 위한 방안을 창의적으로 제시하시오.

토론논제 6. 안락사

문제 상황	안락사는 불치의 질병에 걸려 죽음의 단계에 들어선 환자의 고통을 덜어주기 위하여 그 환자를 죽게 하는 모든 행위를 뜻한다. 사실 이 문제와 관련한 윤리, 비윤리, 혹은 실효적 논란 등은 고대 서양사에서도 등장할 만큼 오래된 문제이다. 3세기 이후, 인간의 생명은 신이 부여하는 것으로서 인간이 마음대로 할 수 없다는 기독교적인 사상이 강하게 자리 잡아 유지되었으나, 르네상스 문화가 도래하며 안락사 개념은 다시 재인식되기 시작되는 등 그 논의의 뿌리가 깊어 더욱 찬반의 논란이 거세다. 대한민국의 경우에는 1960년대 이후 ‘인간답게 살 권리’에 대응하여 ‘인간답게 죽을 권리’라는 주장에서 시작되었으며, 형법학계에서의 안락사는 심한 육체적 고통에 시달리며 사기가 임박한 불치 또는 난치의 환자의 촉탁, 승낙을 받아 그 고통을 제거하거나 완화하기 위한 의료적 조처가 생명을 단축하는 경우로 정의하고 있다. 분류에 따라 안락사의 개념도 세분화할 수는 있으나, 결국 어떤 종류의 안락사도 허용되어서는 안 된다는 주장과 상황과 여건에 따라 안락사는 허용되는 것이 오히려 인권의 측면에 부합한다는 주장이 팽팽하다.
토론 논제	안락사가 윤리적 사회적 그리고 과학적 요소를 고려했을 때, 허용 되어야하는지 허용을 하면 안되는지 근거를 들어 제시하고, 동물 실험에서의 안락사는 허용되어야하는지 그렇지 않은지 과학적, 윤리적, 사회적 요소를 고려하여 근거를 제시하시오.

토론논제 7. 신종바이러스 - AI

문제 상황	코로나바이러스는 1930년 대 닭에서 처음 발견된 뒤 개·돼지·조류 등의 동물에서 발견되었고, 1960년 대에는 사람에서도 발견되었다. 바이러스 표면 모양이 태양의 코로나와 비슷해 코로나바이러스라는 이름이 붙었다. 코로나바이러스는 유전물질로 단일가닥의 RNA를 가지고 있으며 외피로 둘러싸여 있다. 코로나바이러스의 게놈 크기는 26~32kb로, RNA 바이러스 중 큰 게놈 크기를 가지고 있다. 코로나바이러스는 숙주에 들어가 자신의 RNA를 복제하고 필요한 단백질을 만들어 낸다. 개·돼지·소·조류 등이 코로나바이러스에 감염되면 호흡기와 소화기에 질병을 일으키기도 한다. 닭에 감염되는 코로나바이러스의 한 종류인 infectious bronchitis virus(IBV)의 경우 처음 호흡기에 감염되더라도 신장 등 다른 장기로 옮겨 감염된다. 고양이와 쥐에 감염되는 일부 코로나바이러스 중에는 치사율이 높은 것도 있다. 코로나바이러스는 보통 가까운 종끼리 감염된다고 알려졌지만, SARS를 일으키는 SARS-CoV의 경우 사람에서 원숭이, 개, 고양이 등 다른 포유류에게도 전염될 수 있다. MERS를 일으키는 MERS-CoV의 경우, 사우디아라비아 내 단봉낙타 접촉에 의해 사람이 감염된 사례가 보고된 바 있다. 사람이 코로나바이러스에 감염되면 콧물, 기침, 열 등 코감기 증상이 나타난다. 코로나바이러스는 기침이나 재채기를 통해 공기로 전염되며, 악수 등 신체접촉을 통해서도 옮을 수 있다. 대부분 시간이 지나면 증상은 저절로 낫지만 기침과 통증을 가라앉히기 위해 약을 먹기도 한다. 그러나 SARS-CoV에 감염되면 다른 코로나바이러스에 감염됐을 때보다 열과 기침, 두통 등 증상이 심하게 나타난다. 중증급성호흡기증후군(Severe Acute Respiratory Syndrome:SARS, 사스)을 일으키는 'SARS-CoV'도 코로나바이러스 중 하나다. 지난 2003년에는 세계적으로 약 8,000여 명의 사람이 SARS-CoV에 감염됐으며 이중 약 10%가 사망하였다. SARS 이후 사람 코로나바이러스 연구가 계속되었고 코로나바이러스 NL6, HKU1가 새로 발견되었다. 하지만 아직까지 사람에게 쓸 수 있는 코로나바이러스 백신은 연구 중이다. 또한 중동호흡기증후군(Middle East Respiratory Syndrome:MERS, 메르스)을 일으키는 'MERS-CoV'도 코로나바이러스 중 하나다. 2012년부터 2015년 7월까지 세계적으로 1,472명이 감염되었으며, 이 중 약 37%인 557명이 사망하였다. 한국에서는 2015년 5월 첫 감염자가 발견된 후 2015년 7월까지 186명이 감염되었으며, 이 중 약 19%인 36명이 사망하였다 [네이버 지식백과] 코로나바이러스 [Corona Virus] (두산백과)
토론 논제	최근 AI(조류인플루엔자)에 의한 피해가 늘어나면서 달걀 부족현상이 일어났고 또 달걀을 수입하기도 했다. 이처럼 신종바이러스로 인한 피해가 매년 늘고 있는데 이에 대한 과학적인 근거를 제시하고 앞으로 어떠한 바이러스가 나올지 예측하고 이를 해결하기 위한 방안을 창의적으로 제시하시오.

토론논제 8. 해양오염- 쓰레기섬

문제 상황	우리가 무심코 버린 일회용품 플라스틱 쓰레기가 바다나 그 주변에 사는 동물의 목숨을 위협하고 있습니다. 갑작스러운 죽음을 맞이한 펠리칸이나 거북, 펭귄 위 속에서 플라스틱이 발견됐다는 소식이 끊임없이 들려옵니다. 태평양 한 가운데 플라스틱 섬이 생길 정도로 플라스틱 쓰레기는 바다 생태계에 커다란 재앙이다. - GIB 제공 호주 연방과학원(CSIRO) 연구팀에 따르면 1962~2012년 호주 남동쪽 타스만해에 사는 알바트로스, 갈매기, 펭귄과 같은 해양 조류 186종의 위를 조사한 결과, 평균적으로 개체의 59%에서 플라스틱 쓰레기가 발견됐다고 합니다. 1960년대 조사 결과에서는 플라스틱 쓰레기 발견 비율이 5%에 불과했지만, 2010년에는 80%를 넘었고, 이러한 추세가 계속되면 2050년에는 플라스틱을 먹은 해양 조류가 99.8%에 도달할 것이라고 전문가들은 예상했습니다. 일부 전문가들은 어쩌면 바다에 물고기보다 플라스틱 쓰레기가 많아질지도 모른다고 말합니다. 플라스틱 쓰레기의 분포를 보여주는 해양 지도. 왼쪽부터 작은 미세플라스틱, 큰 미세플라스틱, 중간플라스틱, 거대플라스틱이다. 개수를 나타내는 지도로 미세플라스틱이 대부분이고 해류의 영향으로 북반구와 남반구의 중위도 지역에 집중돼 있다.
토론 논제	미세플라스틱과 플라스틱 쓰레기섬이 해양 오염을 시키므로 인해 인간에게 미칠 여러 가지 영향들에 대해 과학적인 근거를 들어서 제시하고, 이를 해결할 수 있는 방안을 창의적으로 제시하시오.

토론논제 9. 비만 - 지방 다이어트(원푸드 다이어트)

문제 상황	저탄수화물 · 고지방 다이어트, 남성 대장암 위험 높여 지방 섭취를 늘리는 '저탄수화물 · 고지방 다이어트'가 남성에게 대장암을 일으킬 가능성이 높다는 연구결과가 나왔다. 삽겹살이나 버터를 주로 섭취해 '삼겹살 다이어트'로 불린다. 김영선(소화기내과) · 오승원(가정의학과) 서울대병원 강남센터 교수팀은 대장내시경 검사를 받은 2,604명(남성 1,752명 · 여성 852명)을 대상으로 포화지방 섭취량과 대장 선종 발생률의 연관성을 분석한 결과, 이같이 확인했다. 대장 선종은 '대장암의 씨앗'으로 불릴 정도로 향후 암으로 진행될 확률이 높은 대장 용종 조직이다. 이번 연구결과는 국제 학술지 '메디신'(Medicine) 최근호에 실렸다. 연구진은 먼저 포화지방 섭취량에 따라 조사대상자를 성별에 따라 구분해 5그룹으로 나눴다. 이후 통계적인 분석을 시행한 결과, 포화지방을 가장 많이 섭취하는 남성 그룹이 가장 적게 섭취하는 남성 그룹보다 대장 선종 발생률이 1.7배 높았다. 이번 연구에서 여성은 포화지방 섭취량에 따른 대장 선종 발생률이 별 차이를 나타내지 않았다. 오 교수는 "최근 유행하는 고지방 다이어트가 체중 감량 효과를 단기적으로 볼 수 있어도 무턱대고 지방 섭취를 늘리다간 대장암 · 심혈관질환 발생률을 높일 수 있다"며 "포화지방이 전반적으로 몸에 좋지 않은 것으로 알려진 만큼 너무 많이 섭취하지 말아야 한다"고 했다. 한국일보 2017.02.27 20:00 권대익 의학전문기자
토론 논제	현대인들의 생활습관으로 인한 성인병 중에 비만을 들 수 있다. 다양한 다이어트 방법이 매년 유행하는데 최근 고지방저탄수화물 다이어트에 대한 관심이 높아졌다. 고지방저탄수화물 다이어트 효과에 대한 좋은 점과 나쁜 점을 학적인 근거를 들어서 제시하고 현대인들의 건강한 다이어트를 위한 창의적 대안을 제시하시오.

토론논제 10. 자율주행 자동차

문제 상황	4차 산업혁명의 아이콘이 된 자율주행차 ‘4차 산업혁명의 패권다툼 본격화.’ MWC 2017은 5G 이동통신을 기반으로 AI와 사물인터넷(IoT) 등 첨단 ICT가 바꿔놓을 생활상이 미래가 아니라 현실이 되고 있음을 보여줬다. 특히 전시장을 가득 메운 자율주행차는 4차 산업혁명의 아이콘으로 자리를 굳히고 있었다. 자율주행차는 통신망으로 제어되는 커넥티드 카(ICT와 결합된 지능형 자동차)다. 커넥티드 카는 전 세계 통신사업자와 자동차 제조업체는 물론 반도체, 센서, 정밀 지도 등 관련 업계의 협력이 필수인 만큼, 이 시장에서 미래 먹거리를 찾기 위한 이들의 행보가 분주했다. SK텔레콤 최진성 최고기술책임자(CTO)는 지난 1일(현지시간) 스페인 바르셀로나 MWC 전시 부스에서 파이낸셜뉴스 등 취재진과 만나 “커넥티드 카는 5G 상용화 일정과 맞물려 진화하는 아주 훌륭한 케이스”라며 “2020~2025년엔 인공지능과 결합된 완전 자율주행차가 등장할 것”이라고 말했다. 즉 KT와 SK텔레콤, 버라이즌 등 국내외 통신업체들이 사활을 건 ‘2020년 5G 상용화’가 글로벌 완성차 업계의 ‘2020년 완전자율주행 시대 개막’과 맞물리면서, 두 진영의 유기적 결합이 더욱 활발해질 것이란 전망이다. 이른바 ‘5G 자율주행 동맹’은 MWC 전시장은 물론 컨퍼런스에서도 활발히 이뤄졌다. 지난달 27일(현지시간) 폭스바겐, 히어, 보다폰 등이 참여한 ‘자율주행(Autonomous Vehicles) 컨퍼런스’에서는 4세대(4G) 롱텀에볼루션 어드밴스드(LTE-A)와 5G를 기반으로 한 차량통신 기술(V2X, Vehicle-to-Everything) 서비스가 화두였다. V? 파이낸셜뉴스 2017.03.05 14:19
토론 논제	자율주행자동차가 4차 산업혁명을 이끌 새로운 산업모델로 현재 많은 기업들이 시장에 상품을 내 놓고 있다. 자율주행자동차의 장점과 단점을 과학적인 근거를 들어서 제시하고 자율주행자동차가 사용화 되었을 때 일어날 문제점들을 효과적으로 보완할 수 있는 방안을 창의적으로 제시하시오.

토론논제 11. 노후 된 원자력발전소

문제 상황	‘노후 원전’이란 설계수명이 끝나거나 임박한 원전을 뜻합니다. 우리나라의 경우 ‘월성 1호기’, ‘고리 1호기’와 같이 1970년대 후반 ~ 1980년대 초반에 준공된 ‘원전’이 해당되는데요. 그동안 안전하게 제 역할을 해 온 원자력발전소가 설계된 시간이 오래 되면‘노후 원전 스트레스 테스트’를 활용하여 철저하게 안전성을 재확인하는 절차를 밟는답니다. 후쿠시마 원전사고 이후 실시된 유럽연합(EU)의 ’스트레스 테스트‘ 평가 방식을 기반으로 그간 IAEA, 미국, 일본의 원전 안전 대응조치와 국제 환경단체 등에서 제기한 지적 사항을 반영하여 실시하는 종합적 안전점검이 바로 대한민국의 ‘노후 원전 스트레스 테스트’랍니다. 〈출처: 원자력안전위원회〉 ‘노후 원전 스트레스 테스트’는 설계기준을 초과하는 대형 자연재해에 대한 원전의 대응능력을 평가하는 동시에 원전의 계속운전 등을 결정하는 중대한 기준이 되고 있습니다. 고리 1호기와 월성 1호기의 ‘노후 원전 스트레스 테스트’는 그간 어떻게 진행되었는지 한 번 알아보도록 할까요? 노후원전 스트레스 테스트는 지진 / 해일 및 기타 자연재해 /전력계통 등 안전 기능 상실 / 중대사고 관리 / 비상대응 이렇게 총 5부문의 점검 분야로 다각적인 평가를 진행하고 있습니다. [출처] [연구개발]원자력발전소도 건강검진이 필요해~ 노후 원전 스트레스 테스트|작성자 동해안원자력클러스터
토론 논제	우리나라가 더 이상 지진에 대한 안전지대가 아니기에 노후 된 원자력발전소의 위험성이 더욱 커지고 있다. 노후 된 발전소에서 자연재해나 관리 소홀로 인해 발생할 수 있는 문제들을 과학적으로 제시하고 이를 해결하거나 보완할 수 있는 대안을 창의적으로 제시하시오.

토론논제 12. 지진 예보

문제 상황	지진이 발생하기 전, 미세한 땅의 변화를 동물들이 미리 감지해 이상 행동을 보인다는 이야기가 있는데요. 실제로 경주에서 지진이 발생하기 전, 경주와 가까운 울산에서 아주 특이한 장면이 YTN 시청자에 포착됐습니다.지진이 일어나기 10여 일 전, 울산 태화강을 찍은 영상인데요. 숭어떼 수만 마리가 피난을 가듯 바다로 향하고 있습니다.일렬로 줄을 지어 말이죠. 숭어떼 행렬은 2~3km나 이어졌는데요. 이런 특이한 장면은 이튿날까지도 계속됐다고 합니다. [목격자 : 처음에는 멀리 있어서 시커먼 밧줄인 줄 알고 갔는데 그 전에 그 옆에 사람 다리 허벅지 만한 잉어들이 있어서 신기해서 가다 보니까 중간에 뭔가 있더라고요. 가서 보니까 그때는 숭어인 줄 몰랐는데 물고기 띠가 되어있길래 신기해서 봤습니다.] 전문가들 역시, 구름떼처럼 몰려다니는 숭어가 일렬로 줄 맞춰 헤엄치는 장면은 처음 보는 기현상이라고 말했는데요. 하지만 지진 전조 현상으로 어류가 떼 지어 피난하는 경우는 없다며 확대 해석은 경계했습니다. 2015년 4월 일본의 오키나와 해변에 돌고래 156마리가 폐사하는 일이 있었죠. 일주일 뒤 오키나와 요나구니 섬 앞바다에서 규모 6.8의 지진이 발생했습니다. 또 멕시코의 한 가정집에서 개가 먼저 진동을 느끼고 쏜살같이 달아나는 장면이 포착되기도 했습니다. 학계에서는 실제 파장이 큰 S파가 오기 전 먼저 오는 P파를 감각이 예민한 동물들이 감지할 수 있다고 보고 있는데요. 그래서 동물을 통한 '지진 전조 현상 연구'가 활발히 이뤄지고 있기도 합니다. 2016년 9월 23일 YTN 뉴스
토론 논제	지진 예측과 예지 분야는 인류가 풀지 못한 숙제로 남아있다. 지진광이나 지진운, 동물들의 비정상적인 행동 등 예보의 한 방법으로 거론되지만 과학적인 뒷받침이 부족하다. 지진예보를 위한 다양한 방법들을 과학적인 근거를 바탕으로 제시하고 이를 가능하게 할 수 있는 대안들을 창의적으로 제시하시오.

토론논제 13. 증강 현실

문제 상황	사용자가 눈으로 보는 현실세계에 가상 물체를 겹쳐 보여주는 기술이다. 현실세계에 실시간으로 부가정보를 갖는 가상세계를 합쳐 하나의 영상으로 보여주므로 혼합현실(Mixed Reality, MR)이라고도 한다. 현실환경과 가상환경을 융합하는 복합형 가상현실 시스템(hybrid VR system)으로 1990년대 후반부터 미국·일본을 중심으로 연구·개발이 진행되고 있다. 현실세계를 가상세계로 보완해주는 개념인 증강현실은 컴퓨터 그래픽으로 만들어진 가상환경을 사용하지만 주역은 현실환경이다. 컴퓨터 그래픽은 현실환경에 필요한 정보를 추가 제공하는 역할을 한다. 사용자가 보고 있는 실사 영상에 3차원 가상영상을 겹침(overlap)으로써 현실환경과 가상화면과의 구분이 모호해지도록 한다는 뜻이다. 가상현실기술은 가상환경에 사용자를 몰입하게 하여 실제환경을 볼 수 없다. 하지만 실제환경과 가상의 객체가 혼합된 증강현실기술은 사용자가 실제환경을 볼 수 있게 하여 보다 나은 현실감과 부가 정보를 제공한다. 예를 들어 스마트폰 카메라로 주변을 비추면 인근에 있는 상점의 위치, 전화번호 등의 정보가 입체영상으로 표기된다. 원격의료진단·방송·건축설계·제조공정관리 등에 활용된다. 최근 스마트폰이 널리 보급되면서 본격적인 상업화 단계에 들어섰으며, 게임 및 모바일 솔루션 업계·교육 분야 등에서도 다양한 제품을 개발하고 있다. [네이버 지식백과] 증강현실 [augmented reality, **增强現實**] (두산백과)
토론 논제	'포켓몬 고' 라는 증강현실을 통한 게임으로 전 세계가 들썩일 정도였다. 증강현실을 통한 다양한 사업의 장점과 단점을 과학적인 근거를 들어서 제시하고, 앞으로 미래사회에서 어떻게 활동되어야 할지에 대한 바람직한 모델을 제시하고 또한 증강현실의 단점을 보완할 방안을 창의적으로 제시하시오.

토론논제 14. 미래식량

문제 상황	농업의 가장 중요한 역할은 인류의 생존에 절대적으로 필요한 식량을 생산 공급하는 일이다. 인류는 예부터 지금까지 그리고 앞으로도 식량을 농업에 의존해야만 한다. 식량문제의 발단은 수요와 공급의 불균형에서 오는 것이다. 식량의 수요량은 인구와 인구 1인당 평균소비량에 의하여 결정되고 공급량, 즉 생산량은 농작물의 경작면적(耕作面積)과 단위면적당 생산량에 의하여 결정되며 경작면적은 경지면적과 경지이용률에 의존 할 수밖에 없다. 세계적으로 볼 때 지난 4반세기 동안에 식량생산은 비약적으로 증가하여 최근에는 정곡으로 약 18~19억 t 내외가 생산되고 있으며, 인구는 55억으로서 전식량이 전인류에게 고르게 배분된다면 별로 부족이 없는 실정이지만 지역적 ·국가적인 여러 사정으로 인하여 지구상의 많은 인구가 영양결핍 또는 기아상태에 있다. 세계의 인구는 지역에 따라 큰 차이는 있으나 연평균 1.7 %(1991~93년 평균)씩 증가되어 2000년에는 63~65억에 이를 것으로 전망되며 2030년경에는 약 90억에 이를 것으로 추정되고 있다. 한편, 1인당 평균 연간 식량소비량도 계속 증가되어 왔으며, 특히 선진국에서는 보다 높은 소비증가로 매우 높은 소비수준에 있으며 개발도상국에 있어서도 국민경제의 향상과 더불어 1인당 식량수요가 크게 증가할 것으로 예상되지만 높은 인구 증가 때문에 선진국과의 격차는 더욱 증대할 것으로 예상된다. [네이버 지식백과] 식량문제와 미래농업 (두산백과)
토론 논제	지구온난화로 인한 농작물의 경작지가 줄고 인구는 늘어나면서 미래식량에 대한 문제가 계속 제기 되고 있다. 미래식량문제를 해결하기 위한 다양한 방법들을 과학적인 근거를 들어서 제시하고 우리나라에서 실천할 수 있는 미래식량문제 해결 방안들을 창의적으로 제시하시오.

토로논제 15. 베리칩(생체칩)

문제 상황	최근 미국이나 영국에서 사람의 몸속에 '베리칩(Verichip)'이라는 전자칩을 심는 일이 크게 늘어나면서 논쟁이 일고 있다. 그동안 애완용 동물이나 가축들의 관리를 위해 전자 인식표로 사용되던 이 칩을 이제 인간의 몸속에도 심고 있기 때문이다. 게다가 2010년 3월 미국의회에서 건강보험제도를 추진하기 위해 전 국민에게 베리칩을 강제 이식하게 하는 건강보험개혁법을 통과시켰다는 소문이 돌며 베리칩에 대한 찬반논란이 더욱 커졌다. 베리칩에 대한 찬반논란이 일고 있는 이유를 정확히 알기 위해서는 베리칩의 개념부터 알아야 한다. 베리칩은 '확인용 칩(verification chip)'의 약어로 무선주파수 발생기인 RFID 칩의 일종이다. 쌀알 크기 정도로 주사기를 통해 간단하게 인체에 주입할 수 있으며, 별도의 제거 수술을 받지 않는 한 몸속에 영원히 남게 된다. 이 칩에는 기본적으로 개인의 신분을 확인할 수 있는 유전자 정보, 또는 고유 번호가 저장돼 있다. 이 칩은 무선으로 외부와 통신할 수 있는 능력을 갖고 있어 개인 정보가 저장된 외부의 데이터베이스와 연결되는 순간 개인의 모든 정보를 확인할 수 있다. 베리칩 하나면 개인의 신분에 관한 신상정보뿐 아니라 계좌 등 금융거래 정보, 유전자와 같은 생체 정보, 질환 및 진료 기록과 같은 의료 정보 등을 모두 확인할 수 있는 것이다. 게다가 GPS와 연결되면 언제 어디서든 개인의 위치 추적도 가능하다. 이런 연유로 이 칩은 인간의 몸에 이식돼 개인의 신분확인, 건강관리, 자산관리 등에 유용하게 사용될 수 있다. 가령 미 CIA에 근무하는 김 씨는 보안지역을 통과할 때 더 이상 신분증이나 지문, 홍체 인식 없이도 자연스럽게 통과할 수 있다. 보안지역에 설치된 스캐너가 김 씨의 몸속에 있는 베리칩으로부터 무선 전자신호를 받아 자동으로 김 씨의 신분을 확인해 주기 때문이다. 하지만 이는 동전의 양면 중 한 면이다. 동전의 다른 면에서 본다면 이것은 개인의 프라이버시 침해와 전자 감시로 나아갈 가능성이 있다. 우선 개인의 고유한 정보가 유출될 가능성이 높다. 누구든 타인의 몸속에 심어있는 베리칩을 동의 없이 몰래 스캔할 수 있으며 그럴 경우 개인의 중요한 모든 정보가 쉽게 유출될 수 있다. 이렇게 유출된 정보는 개인의 경제적 손실은 물론 차별을 강요하는 등 인간적인 권리를 침해하는 데 악용될 수 있다. 가령 개인의 건강이나 병력 기록을 포함한 신상 정보의 유출은 개인의 인권을 심각하게 침해할 것이다. 베리칩이 우리 생활을 편리하게 만들어 줄 것도 사실이고 개인의 사생활을 침해할 가능성이 있는 것도 사실이다. 하지만 어떤 명분이든 개인을 대상으로 하는 정보 수집과 일상적인 감시는 인간의 존엄성을 심각하게 훼손하는 일임을 잊지 말아야 할 것이다. [네이버 지식백과] 생체에 삽입하는 전자신분증, '베리칩'이란? (KISTI의 과학향기 칼럼, KISTI)
토론 논제	베리칩이 앞으로 미래 사회에 미칠 영향에 대해서 과학적인 근거로 제시하고 베리칩의 상용화가 되었을 때 발생할 수 있는 사회적인 문제들을 해결할 방안을 창의적으로 제시하시오.

토로논제 16. 바디버든 - 독성유전 (가습기살균제)

문제 상황	'안방의 세월호'로 불렸던 가습기 살균제 사건. 2001년 폴리헥사메틸렌구아니딘(PHMG) 등이 포함된 가습기 살균제 제품이 만들어지고 2011년 판매 금지가 될 때까지 신종플루 등의 호재를 업고 연간 60만개가 팔렸다. 당시 동네 마트에서 누구나 살 수 있었던 해당 제품에는 '인체에 안전한 성분을 사용해 안심하고 쓸 수 있다'는 문구가 적혀 있었다. 전국의 800만명 사용자 가운데 현재까지 1124명의 사망자가 나오는 등 피해자가 5410명에 이르렀다. 피해자는 더 늘어날 수 있으며, 정확한 원인 규명과 책임자 처벌, 사회적 해결책 마련을 위해서는 남아 있는 과제가 많다. 제2의 가습기 살균제 사건은 우리 일상에서 얼마든지 일어날 수 있다. 가습기 살균제 외에 어떠한 화학물질이 우리의 생활을 현재 위협하고 있는지 알 수 없기 때문이다. 우리 주변에는 수만 종의 화학물질이 넘쳐나지만, 이 중에서 안전성이 확인된 물질은 극소수이다. 환경운동연합 최준호 국장은 "화학물질의 위험성을 고려해서 용도, 노출 방식, 유해 정도 등에 따라 화학물질과 생활화학제품의 안전을 통합 관리하는 것이 가장 중요하며 소비자에게 이러한 정보가 투명하게 공개되어야 한다"고 말했다. 소비자가 제조 과정에서부터 원료화학물질 안전까지 모든 안전정보를 일일이 확인할 수는 없다. 따라서 최종 제품에 명확한 표시가 있어야 하고, 해당 표시를 통한 신뢰가 회복되어야 한다. 유럽연합은 2007년부터 화학물질규제(REACH) 제도를 도입해 연간 1t 이상 제조 또는 수입되는 모든 화학물질에 대해 제조량, 수입량, 위해성 등에 따라 제조와 유통 등에 제한을 두고 있다. 우리나라도 '화학물질의 등록 및 평가 등에 관한 법률'(화평법)과 '화학물질관리법'(화관법)이 있으나, 국제사회 기준에는 많이 못 미친다는 지적이다. 최근 5년 사이 화학물질 관련 사고가 8배나 급증했다. 지난해 7월13일 국회도서관에서는 '화학물질로부터 안전한 사회를 위한 전문가 500인 기자회견'이 열려 환경 관련 법률 개정을 촉구했다. 환경부는 지난해 12월28일 '생활화학제품 및 살생물제 안전관리법(살생물제법) 제정안'을 입법예고했지만 비용 부담 등을 우려한 산업계의 반발 등으로 논란에 싸여 있다. 우리 몸속에 계속 쌓이는 유해물질을 '바디 버든'(Body Burden)이라 부른다. 독일은 1985년부터, 미국은 1999년부터 바디 버든의 문제점에 대해 관심을 갖고 정부 차원의 해결 노력을 벌이고 있다. 물론 화학물질이 무조건 해롭다고만 할 수는 없다. 의학계에서 논란이 되고 있는 성분도 있고, 아직 위험성이 명확히 드러나지 않은 성분도 있다. 그렇지만 중요한 건 정확한 정보를 전달해 소비자들이 판단할 수 있도록 하는 것이다. 주수원 한겨레경제사회연구원 정책위원 socialeco@hani.co.kr
토론 논제	몸 속의 쌓이는 독소 물질로 인해서 현대인들에게 발생하는 다양한 질병들을 과학적인 근거로 제시하고 이로 발생하는 사회적인 문제들을 해결할 수 있는 방안들을 창의적으로 제시하시오.

토론논제 17. 배아줄기 세포

문제 상황	새로운 생식기술 IVG가 야기할 수 있는 윤리적 문제에 대한 선제적 논의가 필요하다. 지난해 10월 일본의 과학자들은 부모의 피부로 만든 난자에서 아기 쥐 탄생을 처음 발표하였다. 다른 조직으로부터의 정자와 난자의 생성은 과학자들이 성숙한 세포를 젊고 다재다능한 상태로 재프로그램 한 후 기능하는 성 세포로 성장시키는 최근의 진보를 통해 가능해졌다. 이 기술은 아직 초기 단계에 있으며 영국과 미국에서 사람을 대상으로 시도하는 것은 불법이다. 그러나 Harvard Law School의 Glenn Cohen과 Harvard Medical School의 George Daley, Adashi는 Science Translational Medicine 저널에 피부로부터 인간의 난자와 정자를 "멀지 않은 미래에" 만들 수 있을 것이라고 논쟁하고 있다. 미국의 법률 및 의학 전문가들은 체외 배우자형성(in vitro gametogenesis, IVG)으로 알려진 절차가 지금까지는 생쥐에서만 유효하지만, 이 분야는 빠르게 진행되고 있기 때문에 지금부터 사회에 미칠 영향에 대해 계획을 세워야 한다고 주장한다. IVG는 암 치료 후 아이들을 가질 수없는 사람들을 포함하여 불임의 사람들에게 새로운 희망을 줄 수 있다. 연구자들은 이 방법이 난자 기증을 불필요하게 하고 여성들의 난자를 채취하는 표준 호르몬 자극제를 대체함으로써 IVF를 다른 방식으로 변형시킬 수 있다. 그러나 이는 잠재적인 이익과 동시에 새로운 법적 · 윤리적 문제를 야기할 수 있다. 만약 절차가 간단하고 저렴해지면 클리닉은 정자, 난자 및 배아를 거의 무제한적으로 공급할 수 있기 때문에 인간 생명의 평가 절하에 대한 우려를 더욱 심화시킬 수 있다. 난임 치료를 받는 부부에게 IVG는 수백 개의 배아 중에서 선택할 수 있음을 의미한다. 그것은 이익일 수도 있지만, "부모가 자신의 '이상적인' 미래의 자녀를 선택하는 것"에 대한 우려를 심화시킬 수 있다. 또한 예를 들어 단지 5개의 배아를 사용하기 위하여 100개의 배아를 만든다는 점에서, 배아 파괴에 반대하는 사람들에게 문제를 일으킬 수 있다. 인간에 대한 IVG 적용의 효과성과 안전성을 확인하기 전에 더 많은 동물 연구가 필요하다. 인간에게 적용될 첫 번째 단계는 남자의 피부로부터 정자를 만들고, 여자의 피부로부터 난자를 만드는 것이며 이론적 차원에서 여성의 피부 세포에서 정자를 만들고, 그녀의 난자에 사용할 수 있다.
토론 논제	과학과 의학이 급속도로 발전하면서 생식 및 재생의학의 급속한 변화가 우리를 놀라게 할 것이라고 일부 과학자들은 말한다. 배아줄기세포가 앞으로 미래사회에 어떠한 변화를 줄 것인지 과학적인 근거를 들어서 제시하고, 이에 따른 윤리적인 문제들은 무엇이 있으며 이를 해결하기 위한 방안들을 창의적으로 제시하시오.

토론논제 18. 우주탐사- 화성

문제 상황	지구의 오랜 역사에서 인간이 차지하는 비중은 미미하다. 특히 지구상에는 동물이 출현한 이래 최소한 11차례에 걸쳐 생물이 크게 멸종했다. 그 가운데 가장 큰 멸종이 있었던 다섯 차례를 대멸종이라고 부른다. 각각 4억 4300만 년 전, 3억 7000만 년 전, 2억 4500만 년 전, 2억 1500만 년 전 그리고 6600만 년 전에 일어났다. 따라서 인간이 언젠가 멸종한다고 해도 그리 이상한 일은 아니다. 이때 생각해 볼 수 있는 선택 중 하나가 바로 화성이다. 아랍에미리트(UAE) 정부가 100년 뒤인 2117년 화성에 처음으로 사람이 살 수 있는 도시를 세운다는 '화성 2117 프로젝트'를 14일(현지시간) 발표했다. UAE 정부는 국제기구, 연구소와 협력해 '화성 신도시'로 사람을 이주하는 데 필요한 과학기술과 비전을 지닌 핵심 전문인력을 집중 양성하기로 했다. 이 계획은 지구와 화성을 빠르게 오갈 수 있는 운송수단, 화성에서 먹을 수 있는 식량, 지속 가능한 에너지를 개발하는 분야로 나뉜다. UAE는 사전 단계로 2015년부터 세계 유수 전문인력과 자국 과학자를 모아 2021년을 목표로 화성에 우주선을 보내 탐사하는 계획을 추진 중이다. 미국 항공우주국(NASA)과 유럽우주국(ESA)은 2020년 화성의 지질 연대와 생물학적 생존 가능성을 탐사하는 로봇을 쏘아 올리는 계획을 각각 진행하고 있다. 미국은 2030년께 화성에 첫 유인 우주선을 발사한다는 목표다.
토론 논제	인류가 화성에 대한 관심을 가지고 꾸준하게 화성탐사를 해 오고 있는데 이제는 화성에 이주해서 정착하고자 준비하고 있다. 이를 가능하게 하는 여러 가지 과학적인 근거를 제시하고 앞으로 화성이주가 실현되어서 살게 된다면 어떠한 환경이 될지, 인간에게 어떠한 영향을 줄지에 대해서 창의적으로 제시하시오.

토론논제 19. 블록체인

문제 상황	적은 자원으로 분산서비스 구현 블록체인이 분산 컴퓨팅 시스템의 난제를 해결한 덕분에 큰 자원이 필요한 서비스를 P2P 네트워크의 힘을 빌려 손쉽게 시작할 수 있는 길이 열렸다. 비트코인은 블록체인 기술을 금융 분야에 적용한 사례다. 은행이나 신용카드 회사 같은 중앙집중적인 조직 없이 사용자끼리 가치를 주고 받을 수 있는 수단이 비트코인이다. '37코인스'는 은행이나 송금회사가 진출하지 않은 저개발 국가에서도 휴대폰 문자메시지(SMS)만으로 비트코인을 주고받을 수 있는 기술을 선보였다. 끝없는 블록체인의 가능성에 주목하라 블록체인이 열어젖힌 가능성은 아직 끝이 보이지 않는다. 어쩌면 모든 중앙 집중 서비스를 P2P 방식으로 흐트러뜨릴지도 모를 일이다. 이 영향은 단순히 기술적인 데 머물지 않는다. 중앙에 집중된 권력이 사용자 손으로 돌아간다는 뜻이기도 하다. 금융 시스템을 금융 사용자가 직접 꾸리고 관리하면, 금융회사가 가져갔던 이득이 사용자 손에 고스란히 떨어질 테다. 비트코인이 인터넷 이후 가장 혁명적인 기술로 불리는 이유는 바로 이 때문이다. 비트코인을 단순히 돈으로만 본다면 이는 빙산의 일각만을 보는 것이다. 비트코인은 블록체인 기술이 낳은 활용 사례 가운데 하나일 뿐이다. 세상을 바꾸는 서비스를 만들고 싶은가. 그렇다면 블록체인에 주목하자. [네이버 지식백과] 블록체인 [Block chain] - 분산된 공개장부, 세상을 바꾼다 (용어로 보는 IT)
토론 논제	블록체인의 원리와 활용분야 대해 정리해 보고 앞으로 미래 사회에 어떻게 이용될지, 그리고 블록체인을 통한 새로운 혁명이 일어났을 때 장점과 단점으로 나누어서 기술하고 이때 생길 문제를 해결할 수 있는 방안을 창의적으로 기술하시오.

토론논제 20. 동물실험

문제 상황	지구에는 많은 종류의 사람들이 살아가고 있습니다. 자기만 생각하는 사람과 본인보다 타인을 위하는 사람들이 있지요. 그렇기 때문에 각자가 생각하는 주관적인 자아 또한 확고하게 다를 수밖에 없습니다. 대부분 사람들이 어떠한 토론을 시작할 때 주제를 가지고 이야기를 시작하곤 합니다. 그중에서 동물 실험에 대한 것을 자료로 써 보았습니다. 동물 실험 찬성 그리고 반대 자료이며 각 주장에 대한 반박을 어떻게 해야하는지 참고로 알아두시면 되겠습니다. 난 찬성한다! 많은 사람들이 동물을 상대로 어떠한 실험하는 것에 대해서 찬성을 할 것입니다. 이유는 바로 인류를 위한 목적으로 말이죠. 인류개체에 과학적인 수단을 위해서 질병에 대한 불가피한 필요에 의해서 동물실험은 반드시 필요합니다. 왜냐하면 앞으로 생길 수 있는 질병을 미리 대처하고 의학, 과학적인 미래를 보다 빠르게 앞서 나갈 수 있기 때문이죠. 난 반대한다! 동물 그리고 사람이 공유되는 병은 전체적으로 2%도 안되는 1.16%입니다. 자, 이 수치를 봤을 때 이 실험에 대한 실효성이 상당히 떨어진다고 봅니다. 동물 실험 반대자로써 이 실험이 성공적인 검증이 되더라도 사람에게 나타날 수 있는 부작용이 완벽하게 없지는 않다는 것입니다. 그리고 동물 또한 권익을 지칭하는 것이므로 고통을 피할 권리를 가지고 있습니다. 이 하나의 지구 안에서 살아가는 많은 개체로써 그들은 인정을 받아야만 합니다. 사람에 입장이 아닌 동물의 입장에서 이를 바라봤을 때 동물 실험은 상당히 비윤리적이며 존엄성을 해치는 것입니다. 출처: http://mural.tistory.com/103 [#To]
토론 논제	동물실험에 견해를 대한 찬성과 반대 입장에서 다양한 측면으로 분석하고 동물실험 말고 다른 방법으로 의학의 발전을 위해서 할 수 있는 대안을 창의적이고 과학적으로 제시하시오.

토론논제 21. 드론

문제 상황	<2017년 3월 29일 연합뉴스 기사> 미국 내 드론(drone)이 등록을 받기 시작한 지 15개월 만에 70만 대를 훌쩍 넘어섰다. 미국연방항공청(FAA)은 "새로운 무인비행체의 시대로 접어들고 있다"고 규정했다. 3월 28일(현지시간) CNN테크에 따르면 FAA가 2015년 12월 미국내 드론 의무 등록제를 도입한 이후 누적 등록 대수가 77만 대에 달한 것으로 집계됐다. 초기에 한꺼번에 등록된 숫자를 감안하더라도 최근 등록 대수가 급격히 늘고 있다. 마이클 후에르타 FAA 국장은 지난 1월 미 네바다 주 라스베이거스에서 열린 소비자가전전시회(CES)에서 설명한 바로는 미국내 드론 대수가 67만 대였는데, 불과 석 달 사이에 10만 대가 추가로 등록됐다고 밝혔다. 후에르타 국장은 FAA의 무인비행체 심포지엄에서 "이전에 경험하지 못한 빠른 속도로 등록 대수가 늘고 있다"고 말했다. 게다가 실제로 드론 숫자는 이보다 훨씬 더 많을 것으로 추정된다. 취미로 드론을 날리는 개인 등록자는 하나의 아이디(ID)만 부여돼 여러 대의 드론을 갖고 있어도 한 대로 등록되기 때문이다. 오는 2021년 취미용 드론 등록 대수는 355만 대에 달할 전망이다. 드론 수가 많아지면서 안전에 대한 우려도 커지고 있다. 후에르타는 "드론 등록제를 도입하면서 수많은 도전에 직면하고 있다. 분명히 안전 문제가 있다. 드론이 머리 위에서 날다가 떨어지면 어떻게 될 것인가"라고 지적했다. 그는 민감한 지역으로 드론의 접근을 막는 장치가 필요하다고 강조했다. 실제로 미국에서는 2015년 퍼레이드 도중 드론이 추락해 한 여성을 의식불명에 빠지게 한 일로 드론을 운영한 항공사진업체 소유주가 징역형과 벌금 500달러를 선고받았다. FAA는 무인비행체의 추적과 식별을 가능하게 하는 기준을 마련 중이다. 비행체 기술, 법집행기관 전문가들이 참여하는 무인비행체 규제위원회도 발족할 예정이다. FAA는 지금까지 3만7천 장의 원격조종 면허를 발급했다. 이런 면허는 특정 조건 하에서 드론의 상업적 활용을 위해 사용된다.
토론 논제	국내외 적으로 드론을 활용한 산업이 갈수록 발달하고 있다. 드론을 사용할 때의 장점과 단점을 다양한 측면에서 과학적으로 분석하고 이때 발생할 수 있는 문제를 창의적이고 과학적으로 제시하시오.

토론논제 22. 인공지능

문제 상황	체스는 이미 인간이 컴퓨터에 정복당한 영역 중 하나이며, 인공지능 기술은 빠르게 발전하고 있다. 2016년 3월 12일, 이세돌 9단과 알파고의 3번째 대국이 알파고의 불계승으로 끝이 났다. 이세돌 9단은 초반부터 공격적으로 판을 풀어나가며 분전했으나, 알파고의 큰 그림을 그리는 계산을 넘어서지는 못했다. 3국까지 0대3의 스코어를 기록하면서 나머지 대국 결과와 상관없이 알파고의 승리가 확정됐다. 불과 한 달 전만 해도 '아직은 멀었다'라는 의견이 팽배했지만, 지금은 분위기가 180도 바뀌었다. 사람들은 부쩍 다가온 '인공지능'(ArtificialIntelligence, AI)의 시대를 체감하고 있다. 생각보다 큰 차이로 이세돌 9단이 패배하면서, 알파고를 개발한 구글이 사실은 '스카이넷'을 개발하고 있는 게 아니냐는 우스갯소리도 나온다. 스카이넷(Skynet)은 영화 '터미네이터' 시리즈에 등장하는 가상의 시스템으로, 스스로 학습하고 생각하는 인공지능이다. 영화 속 스카이넷은 자신의 발전을 두려워한 인간이 자신을 멈추려고 하자 인류를 적으로 간주하고 공격을 감행했다. <데미스 허사비스 구글 딥마인드 CEO> **약한 AI와 강한 AI :** 공학 분야에서 말하는 인공지능의 정의는 '문제를 푸는 기능'이다. 사람이 하는 대부분의 결정, 이를테면 어떤 옷을 입을지, 어떤 말을 할지 등은 일종의 문제 해결 과정이라고 할 수 있다. 그래서 사람을 따라 하는 로봇을 보고 인공지능이라고 부르는 것이다. 인공지능은 기술적 변화를 통해 단순 문제 풀이에서 지능의 실제적 구현을 목표로 발전되고 있다. 인공지능은 크게 둘로 나뉜다. '약한(Weak) AI'와 '강한(Strong) AI'다. 약한 AI는 특정 영역의 문제를 푸는 기술이다. '단어를 입력하면 검색 결과를 보여라', '음성을 듣고 무슨 말인지 인식하라' 같은 문제를 푸는 것이다. 강한 AI는 이와 달리 문제의 영역을 좁혀주지 않아도 어떤 문제든 해결할 수 있는 기술 수준을 말한다. 강한 AI는 '터미네이터'의 스카이넷이나, '어벤저스2'의 울트론처럼 흔히 영화 속에서 볼 수 있는 로봇들이다. 현재 단계에서는 약한 AI가 많이 쓰이고 있다. 강한 AI를 만들려면 아직 멀었다는 게 과학계 중론이다.
토론 논제	정보와 IT기술의 산물인 '인공지능'의 인공지능이 인간에게 미치는 영향에 대해서 과학적으로 분석하고, 인공지능으로 인해 미래에 발생할 수 문제 상황에 대해 대처할 수 있는 방안을 과학적이고 창의적으로 제시하시오.

토론논제23 : 동물복지법

문제 상황	가. 우리나라의 동물복지법의 현 상황 1) 유기견 입양을 확대 하는 것을 주요 과제로 삼고 있다. 2) 현행 동물원수족관법상 동물원 사업을 하려면 우리 규격이나 필수 인력 등 규정만 지키면 된다. 3) 동물 학대자로부터 누구든 학대받는 동물을 구할 수 있는 즉각 격리권이 개정법안에 추가되지 못했다. 4) 현 동물복지법의 대부분이 반려동물에 제한되어 있다. 5) 유기동물보호센터에서 유기견을 입양하는 모든 시민에게 약 20만원의 동물보험 납입료를 지원해준다. 나. 우리나라 동물복지법의 문제점 1) 시행규칙 3호와 4호의 혹서/혹한의 정의가 애매하다. 2) 아직도 동물쇼나 불필요한 전시를 금지를 위한 법이 없다. 3) 열·전기·물 등에 의한 물리적 방법이나 약품 등에 의한 화학적 방법으로 동물에게 상해를 입히는 행위를 처벌하는 조항이 법에서 삭제되었다. 4) 반려견 놀이터를 10만㎡이상 공원에만 설치할 수 있도록 돼있다. 5) 동물카페는 동물 복지법에 해당되기 어렵게 법이 되어 있다.
토론 논제	최근 반려 동물과 함께 살아가는 사람들이 많아지고, 자연과 인간의 공생과 관련된 문제에 대해서 고민을 하는 사람들이 늘어감에 따라 우리나라에서도 동물 실험반대 문제, 동물원 존폐 문제, 공장형 동물 농장 폐지 관련 문제, 개식용 반대 문제 등 동물복지와 관련된 많은 논쟁들이 이어져가고 있습니다. 특히, 반려인구의 폭발적인 증가와 비례하는 유기동물의 증가는 전국적으로 심각한 문제가 되고 있습니다. 이러한 요인을 고려하여 서울시에서는 '동물 공존 도시 서울 기본 계획'을 발표하기에 이르렀습니다. 우리 나라의 동물 복지법과 최근 서울시에서 발표한 '동물 공존 도시 서울 기본 계획'을 참고 하여 동물 복지법에 부족한 부분을 보강 또는 새롭게 필요하다고 생각하는 법을 만들어 나만의 동물 복지법을 3가지~5가지를 제시하고, 그 근거를 쓰시오.

토론논제24 : 수소자동차

문제 상황	최근 수소자동차에 대한 관심이 모아지고 있는 가운데 정부까지 수소경제 활성화에 대한 로드맵을 발표하는 등 적극적인 추진의사를 밝히고 있다. 그러나 아직까지 충전소 부족으로 현실화되지 못하는가 하면 이에 대한 반대 의견도 만만치 않아 정부차원의 구체적인 대안을 마련해야 한다는 지적까지 나오고 있다. **전기자동차와 수소자동차의 개발** 그동안 자동차의 연료는 가솔린과 디젤 그리고 LPG를 사용하는 것으로만 인식돼왔으나 최근 화석연료의 고갈에 대한 우려와 공해 등 환경오염문제까지 대두되면서 전기자동차와 수소자동차를 개발하기에 이르렀다. 이로 인해 자동차 연료의 다변화를 이뤄낸 것은 물론 미세먼지 등 공해 저감과 공기 저감효과까지 나타내 자동차 역사의 획기적인 변화로 이어지고 있다. 수소와 공기 중의 산소를 직접 반응시켜 전기를 생산하는 연료전지를 이용하는 수소자동차는 물 이외의 배출가스를 발생시키지 않기 때문에 각종 유해 물질이나 온실가스에 의한 환경피해를 해결할 수 있는 환경친화적 자동차로 일컬어지고 있다. 전기자동차는 지난해 말 기준으로 전국에 9149기의 충전소를 갖춰 14곳 뿐인 수소자동차 충전소에 비해 훨씬 많고 저렴한 충전비용을 장점으로 내세우는 반면 충전시간이 최하 30분, 최장 5시간 이상이 걸린다는 것과 1회 충전시 주행거리가 수소자동차의 2분의 1 수준 밖에 되지 않는 단점을 갖고 있다. 수소자동차는 충전시간이 5분 내외면 충분하고 1회 충전에 600㎞까지 주행할 수 있는 장점을 가지고 있지만 충전소 턱없이 부족해 충전을 위해 먼 곳까지 가야하는 단점을 보이고 있다. 수소자동차 보급은 매년 급성장세를 보이고 있지만 이에 따른 인프라는 턱 없이 부족해 확대에 걸림돌로 작용하고 있다
토론 논제	수소자동차의 장점과 단점에 대해서 정리하고, 특히 단점을 보완할 수 있는 창의적이고 과학적인 해결방안을 제시하시오. 그리고 수소자동차가 널리 보급될 수 있는 아이디어도 제시하시오.

토론논제25 : 라돈을 통한 방사선 피폭

문제 상황	라돈위험- 라돈 가스가 붕괴하여 생성된 방사성입자들이 호흡을 통하여 폐에 들어 와 침적될 수 있다. 이들이 다시 알파 붕괴하면서 방출된 에너지가 폐 조직에 흡수되면 세포 DNA가 손상을 입어 폐암에 이를 수 있다.- 높은 농도의 라돈에 피폭한 사람이 모두 폐암에 걸리는 것은 아니며, 피폭과 발병의 사이에는 많은 시간(~수 년)이 걸릴 수 있다.- 다른 환경오염원들과 마찬가지로 라돈에 의한 건강위험의 크기에도 어느 정도 불확실성이 있지만, 다른 암 유발 요인보다 라돈에 관하여는 더 많은 것을 알고 있다.- 라돈에 더하여 흡연자라면 그 위험은 특히 심각하다. 금연하고 라돈농도를 감축하는 것이 폐암위험을 낮추는 것이다.- 어린이는 성인에 비하여 훨씬 더 방사선에 취약하기 때문에 라돈도 역시 더 위험할 것이라고 예상은 되나, 현재 결론에 이를만한 자료가 없다. 비흡연자의 라돈 위험(EPA, A Citizen's Guide to Radon) 흡연자의 라돈 위험(EPA, A Citizen's Guide to Radon
토론 논제	생활 속에 노출 된 라돈을 통해서 앞으로 일어날 수 있는 상황들을 제시하고. 이를 G 해결할 수 있는 방안들을 창의적이고 과학적으로 제안하시오. 그리고 라돈의 발생을 줄일 수 있는 아이디어도 함께 제시하시오.

토론논제26 : 싱크홀

문제 상황	국토교통부에 따르면 2013~2017년까지 지난 5년간 전국에서 4580건의 싱크홀이 발생했다. 2013년 898개였던 싱크홀이 지난해에는 960건까지 급증했다. 지역별로는 인구 밀집도가 가장 높은 서울에서 전체 발생건수의 78%(3581건)가 몰렸다. 싱크홀의 절반가량이 크기 1㎡ 미만이었지만, 4㎡ 이상 대형 싱크홀도 12%나 됐다. 우리나라는 지반이 단단한 화강암이어서 자연발생 싱크홀은 거의 없다. 반면, 각종 개발사업과 지하에 매설된 노후관로로 인한 도시 싱크홀이 대부분이다. 싱크홀 발생 원인으로는 하수관 손상이 66%로 가장 큰 비중을 차지한다. 이어 관로공사(31%), 상수관 손상(3%) 순이다. 도심에서 발생하는 싱크홀 10건 중 7건(69%)이 노후 상 · 하수관과 관련이 있는 것이다. 한국시설안전공단 관계자는 "노후 관로에서 새어 나온 물이 주변의 흙을 침식시켜 지반 침하를 일으키는 경우가 가장 많다"라고 설명했다. 싱크홀 원인 1위인 하수관로의 경우 전체의 절반에 육박하는 5000㎞(48.4%)가 사용연수 30년을 넘겼다. 30년 이상된 하수관로는 매년 서울~대전 거리만큼인 평균 260㎞씩 증가하고 있다. 서울시가 전체 하수도 예산의 29%를 노후 불량 관로 개선에 투입하고 있지만, 역부족이다. 지역 노후 관로는 심각한 수준이다. 제주도의 상수도 누수율은 43%로 전국에서 가장 높고, 전북은 노후 경년관(사용연수가 지난 수도관)이 전체 관로의 30%에 달한다. 이렇게 새는 물이 싱크홀을 만든다. 국회 국토교통위원회 소속 민경욱 자유한국당 의원은 "매설관 노후화가 급격히 진행돼 싱크홀은 계속 증가할 것"이라며 "노후 하수관로 정비예산을 확대하는 등 지하공간 전반의 관리대책 마련이 시급하다"라고 지적했다. 전문가들은 지금까지 싱크홀은 다행히 인명사고가 최소한으로 끝났지만, 언제라도 대형 인명피해로 이어질 수 있다고 경고한다.
토론 논제	싱크홀로 인해서 매년 발생하는 피해가 조금씩 늘고 있는 가운데 앞으로 언제 어느 때에 더 큰 사고가 날지 모르는 상황에서 안전을 위해서 앞으로 사고 예방을 위한 방안으로 싱크홀 해결 방안을 과학적이고 창의적으로 제안하시오. 그리고 이를 위한 실험설계를 하고 결론도 도출해 주세요. 또한 싱크홀이 생긴 지역을 어떤 방식으로 다시 활용할지에 대한 아이디어도 제시하시오.

토론논제27 : 도시 홍수

문제 상황	이동률 한국건설기술연구원 선임연구위원은 "홍수관리는 구조적 대책뿐만 아니라 얼마나 효율적으로 관리할 수 있는지가 중요하다"며 "선진화된 국가에서는 하천홍수 경보도 중요하지만 도시홍수 문제가 더욱 중요시 되고 있는데 그 점은 우리나라도 마찬가지"라고 설명했다. 이 연구위원은 이어 "아무래도 서울, 부산 등 우리나라 대도시에서 도시홍수 관리가 크게 주목받고 있다"면서 "도시홍수라는 것이 갑작스럽게 발생하기 때문에 홍수관리는 짧은 시간에 모니터링하고 빠르게 예측하지 않으면 어려움이 클 수밖에 없다"고 덧붙였다. 이 연구위원은 도시홍수 관리는 레이더에 의한 홍수 예보, 강우 예측을 기반으로 앞으로 지속적으로 발전할 수 있다고 강조했다. 실제로 레이더 활용 기술 등 인프라 측면에서 선진국들에 비해 우리나라의 출발은 늦었지만 최근 레이더가 전국적으로 구축돼 어느 정도 활용 단계에 도달해 있으며 지속적으로 많은 연구가 진행되고 있다. 완벽한 정보를 갖추고 홍수 예방을 한다기보다 실천하면서 부족한 부분이 있으면 관련 정보를 확보하는 것이 중요하다. 최근 사례만 살펴봐도 서울시에는 굵직한 침수피해가 자주 있었다. 2010~2011년 2년 연속 심각한 침수피해가 있었고 지난해에도 예보되지 않은 돌발 집중호우로 인해 대응에 상당한 어려움을 겪었다. 출처 : 그린포스트코리아(http://www.greenpostkorea.co.kr)
토론 논제	언제 어느 때에 발생할지 예측하기 어려운 도시홍수에 대한 대비책을 마련해야 하는데 이를 위한 창의적이고 과학적인 해결방안을 실험설계를 통해서 제시하시고, 홍수를 오히려 부가가치가 높은 것으로 이용할 수 있는 아이디어를 제안해보세요.

토론논제28 : 유전자 가위

문제 상황	최근 '크리스퍼-카스9(CRISPR-Cas9)'의 기술 개발로 유전자 편집 분야에 새로운 희망의 빛이 비치고 있다. UPI통신은 10일(현지시간) 미시간 대학 얀 장(Yan Zhang) 책임연구원의 언론보도 자료를 인용, "이제 유전자 기술의 발전과 함께 놀라운 정확도를 가진 (편집) 가위로 DNA를 편집할 수 있는 길이 열리고 있다"며 이 같이 보도했다. ▲ 연구진은 유전자 기술의 발전으로 날카로운 정확도로 긴 DNA 가닥을 편집할 수 있는 크리스퍼(CRISPR: 유전자 가위)가 진보하고 있다고 밝혔다. [Caroline Davis2010/Flickr] 이번에 새로 개발된 '유형 1 크리스퍼-카스3(Type I CRISPR-Cas3)'라는 새로운 유전자 편집 도구는 하나의 DNA 목표를 정확히 찾아내기 위해 '캐스케이드(Cascade)'로 알려진 박테리아 속의 리보단백질(riboprotein) 복합체를 사용하고 결국 'Cas3'는 갈가리 찢어진다. 장 박사는 "그러나 'Cas3'는 당신이 원하는 곳으로 가고, 염색체를 따라 이동하며, 수십 '킬로베이스(DNA길이 단위)' 길이의 삭제를 스펙트럼으로 만든다"며 "이것은 특정 질병에 가장 중요한 DNA의 큰 부분을 결정하는 강력한 선별 도구가 될 수 있다"고 설명했다. 그러면서 "이미 2016년 'Cas9'가 인간 면역세포의 게놈에서 'HIV-1'을 제거했다"며 "'Cas9'는 당신이 원하는 곳에 가서 일단 자르는 분자 가위"라고 말했다.
토론 논제	유전자 가위 기술이 무엇인가? 또 이 기술이 가져올 앞으로의 미래 상황을 제시하고, 이에 따른 발생한 문제들은 어떤 것이 있고, 이를 해결하기위한 방안을제시하시오.

토론논제29 : 바이러스와 방역

문제 상황	신종 코로나, 바이러스가 아니라 재난에 대처하기 위해 신종 코로나바이러스 감염증(이하 신종 코로나)으로 각종 모임과 행사들이 연이어 취소되고, 텅 빈 거리 모습을 보면 사람들이 실제 느끼는 두려움은 훨씬 커 보인다. 신종 바이러스의 출현과 감염병 확산을 한국사회가 처음 겪는 건 아니다. 2015년 메르스 사태로 186명이 감염되었고 38명이 사망했다. 뼈아픈 경험이 남긴 결과, 신종 코로나의 경우 기존 방역 대처보다 나아진 모습이라는 평가를 받고 있다. 특히 2015년 국내에서 메르스 증세를 인지한 환자의 확진 검사를 오히려 거부해 초동 대처에 실패한 질병관리본부의 모습만 봐도 그렇다. 또한 감염병 환자에 대한 추적 관리와 정보 공개, 감압 병상의 확보와 운영에서 보여주는 모습은 정부와 방역당국이 초동 대처의 중요성을 인지하고 방역체계가 작동하고 있는 모습을 보여준다. 이에 더해 아직까지 안심할 순 없지만 신종 코로나의 치사율은 메르스에 한참 미치지 못하는 것으로 예상되면서 2015년과는 다른 형국이다
토론 논제	바이러스와의 전쟁을 치르고 있는 요즘에는 앞으로 또 다가올 신종바이러스에 대한 대비책을 마련하고 더 큰 피해가 되지 않으면 미래 사회에서의 대처법을 창의적이고 과학적으로 고안하시오. 또한 바이러스과 미래사회에서의 상황을 그려보고 제시한 해결 방안으로 잘 대처하고 있는 모습도 제안해보세요.

토론논제31 : 빛 공해 & 공감각의 비밀

문제 상황	<빛·소음 등 '감각공해'가 암·우울증 부른다> 미세 먼지, 수질오염 등 '공해(公害)'를 걱정하는 사람은 많다. 하지만 인공 조명, 소음 등 '감각공해(感覺公害)'에 대해서는 관심이 덜하다. 실제로 빛과 소음 등이 일으키는 감각공해는 미세 먼지 만큼 건강에 해로울 수 있어 주의해야 한다. 고려대의대 예방의학교실 이은일 교수는 "우리나라는 세계 2위 빛 공해 국가지만 인식은 세계 최하위 수준이어서 문제"라며 "최근 조명 및 IT기기 사용이 증가하면서 빛이 위협 요소로 부각되는 만큼 인식을 바꿀 필요가 있다"고 말했다. 감각공해는 오감을 통해 사람에게 가해지는 건강 피해를 말한다.◇빛 공해, 각종 질병 위험 높여빛에 노출되면 가장 큰 문제는 깊게 잠들지 못한다는 것이다. 이러한 상황이 장기간 이어지면 면역력이 낮아지면서 각종 질병 위험이 높아진다. 네덜란드 레이던대 의대 연구에 따르면 인공조명에 노출된 생쥐는 골밀도와 골격근이 크게 감소했으며 만성 염증이 발생했다. 아주대병원 직업환경의학과 정인철 교수는 "빛 때문에 오랫동안 숙면을 취하지 못하면 호르몬 분비, 혈압, 세포 활동 등에 관여하는 생체주기가 교란받는다"며 "이때 심혈관질환, 소화기장애 등 각종 질병 위험이 커질 수 있다"고 말했다.
토론 논제	빛 공해로 발생할 수 있는 문제점들을 정리하고 이를 해결할 수 있는 창의적이고 과학적인 해결방안을 제시하시오.

토론논제 33 : 생명윤리

문제 상황	외국의 경우는 1990년대 초부터 생명과학기술의 발달에 따른 부작용을 막기 위해 관련 법들을 제정하여 시행하고 있거나 제정 중에 있다. 예로, 독일은 1990년에 '수정란 보호법'을 제정하여 다른 사람, 태아, 사망자와 동일한 유전정보를 가진 인공수정란의 생성 금지, 잡종생명체 생성 금지, 인체생식세포의 인위적 변환 금지를 단행하였다. 같은 해에 영국은 수정란의 핵 치환과 동물과 인간 사이의 수정란 이식을 금지하는 '인간의 수정과 발생에 관한 법'을 제정하였다. 프랑스는 1994년에 '인체 존중에 관한 법률'을 제정하여 인간 선별을 목적으로 하는 우생학적 처치과정과 연구 및 상업적 목적의 인간배아 생성, 취득 및 사용을 금지하였다. 우리나라는 2000년 11월에 당시 과학기술부가 '생명윤리자문위원회'를 발족시켰으며, 동 위원회는 2001년에 '생명윤리기본법'의 기본 골격을 마련하였다. 오랜 논쟁 끝에 '생명윤리 및 안정에 관한 법률'이 2003년 12월에 국회를 통과하였고, 2004년 7월부터 발효되었다. 이에는 생명복제와 종간교잡, 인간배아의 연구와 활용, 유전자 치료, 동물의 유전자 변형과 활용, 인간 유전정보의 활용과 보호 등에 대한 윤리적 지침을 담고 있다. [네이버 지식백과] 생명과학기술과 생명윤리 (과학기술 발전의 발자취, 2009. 12. 31., 박준우)
토론 논제	생명연장과 생명윤리의 갈등을 해결할 수 있는 방안을 제시하시오.

토론논제34 : 5G세대 이동통신

문제 상황	5G 상용화는 도둑처럼 찾아왔다. 이동통신 3사는 4월3일 밤 11시를 기점으로 최초 가입자를 대상으로 5G 상용화 서비스를 시작했고, 5일 삼성 '갤럭시S10 5G' 출시와 함께 일반 가입자를 받았다. 5G 서비스 시작 전후로 각 이동통신사는 치열한 마케팅 전쟁에 들어갔다. 5G 기술 방식이나 요금제를 놓고 이동통신 3사는 서로 견제하며 자사의 우수성을 홍보하기 바빴다. 5G 서비스 개통 시작일부터 단말기가 동났다는 소식이 실시간으로 통신사를 통해 쏟아져 나왔다. 그리고 가입자들의 불만도 쏟아지기 시작했다. 속 터지는 5G / 5G 요금 내고 LTE 쓰는 호구가 됐다. 가장 큰 불만은 5G가 제대로 안 터진다는 문제다. 5G를 사용하는 이용자들은 좁은 커버리지에 대한 불만을 쏟아내고 있다. 이는 예견된 문제다. 이동통신 3사가 기지국을 충분히 준비하지 않은 채 서비스를 시작했기 때문이다. 각 통신사의 5G망은 수도권 및 전국 주요 도심에 몰려있다. 지난 9일 국회 과학기술정보방송통신위원회 소속 변재일 더불어민주당 의원이 과학기술성보통신부(과기정통부)로부터 제출받은 '5G 기지국 신고 장치 현황'에 따르면, 3일 기준 5G 기지국은 전체 8만5261개가 설치됐다. 이 중 서울 및 수도권에 설치된 기지국만 따져보면 5만4899개(64.4%), 5대 광역시에 설치된 기지국은 1만8084개(21.2%)다. 5G 기지국 85%가 대도시에 집중됐다.
토론 논제	눈앞에 다가온 5G 시대, 사회에 가져올 변화를 창의적이고 과학적으로 분석하고, 이러한 변화의 긍정적인 측면과 부정적인 측면에 관하여 제시하시오. 또한 5G 통신이 미래의 직업 전망과 노동 시장에 어떻게 영향을 미칠 것인지 과학적으로 논하시오.

토론논제35 : 사물인터넷/IOT

문제 상황	IoT 취약점으로 IoT 기기가 악성코드에 감염되면 디도스(DDoS), 코인 채굴 악성코드 공격 등 보안 위험을 초래할 수 있다는 점에서 대비가 필요하다. 2016년 미국 인터넷을 뒤흔든 '미라이 악성코드'가 대표적인 사례다. 당시 공격자는 미라이 악성코드로 IoT 기기를 감염시켜 미국 인터넷 호스팅 업체 '딘'에 대규모 디도스 공격을 가했다. 이 공격으로 에어비앤비, 페이팔, 넷플릭스, 트위터, 뉴욕타임스 등 다양한 사이트에 접속 장애가 발생했다. 이후에도 에이드라(Aidra), 가프지트(Gafgyt), 와이패츠(Wifatch) 등 미라이의 일부 코드를 활용한 악성코드가 발견됐다. 특히 2020년까지 약 130억 개의 IoT 센서·장치가 소비자 부문에서 사용될 것으로 예측되는 상황이어서 IoT 보안 위협은 더욱 커질 전망이다.
토론 논제	사물인터넷의 장점과 단점을 정리하고 특히 단점을 해결할 수 있는 방안을 창의적이고 과학적으로 제시하며 또한 보안상의 문제를 획기적으로 해결할 수 있는 아이디어도 제시하시오.

토론논제36 : 빅데이터

문제 상황	"실패 가능성 85%" 빅데이터 프로젝트의 문제와 해법 Andy Patrizio | InfoWorld 빅데이터 프로젝트는 규모가 크고 목표가 웅대하다. 그리고 완전히 실패하는 경우가 많다. 2016년 가트너는 빅데이터 프로젝트의 60%가 실패한 것으로 추산했다. 1년 뒤 가트너의 애널리스트 닉 휴데커는 60%의 추정치가 "지나치게 보수적"이었다며 실패 비율이 85%에 근접한다고 말했다. 휴데커는 이러한 상황이 지금도 바뀌지 않았다고 본다.가트너만 이렇게 평가하는 것은 아니다. 최근까지 오랜 기간 마이크로소프트의 고위 임원을 지낸 스노우플레이크 컴퓨팅(Snowflake Computing)의 CEO 밥 무글리아는 분석 사이트 데이터나미(Datanami)와의 인터뷰에서 "나는 행복한 하둡 고객을 본 적이 없다. 그것만으로 상황을 알 수 있다. 지금까지 하둡을 성공적으로 구축한 기업은 20개 미만, 어쩌면 10개 미만일 수도 있다. 제품과 기술이 얼마나 오래 전부터 시장에 존재했으며, 업계가 전반적으로 이 기술에 얼마나 힘을 쏟았는지 생각하면 말도 안 되는 수치"라고 말했다. 물론 하둡은 빅데이터 바람을 일으킨 엔진이다.다른 빅데이터 전문가의 의견도 비슷하다. 실제로 심각한 수준의 문제가 있으며 전적으로 기술 문제만은 아니라는 것이다. 사실 진짜 실패의 원인에 비하면 기술은 부차적인 문제에 속한다. 원문보기:http://www.ciokorea.com/news/122946#csidxf01c707c282e386aa42c104ce52351e
토론 논제	제시한 자료를 바탕으로 빅데이터의 문제점과 장점을 파악하여 정리하고, 빅데이터의 문제점을 해결 할 수 있는 방법들을 창의적이고 과학적으로 제시하고, 이를 실제로 진행하는 데 더 효과적인 아이디어도 제시하시오.

토론논제37 :최악의 폭염과 한파

문제 상황	'폭염·한파' 이상기후에 한국도 더 이상 안전하지 않다 전 세계가 이상기후로 몸살을 앓고 있다. 지난달 5일 유럽연합(EU)의 기후변화 담당기구는 지난 7월 기상자료를 분석한 결과 전 세계 기온이 역대 최고를 기록했다고 발표했다. 프랑스와 스페인 일부 지역의 기온이 섭씨 45도를 웃돌며 최고 기온을 경신했고 뉴욕과 워싱턴 DC를 포함한 미국의 10여개 도시에선 폭염·초 열파 관련 비상사태가 선포됐다. 전 세계의 기록적인 폭염으로 올여름에만 그린란드의 빙하가 9m가량 얇아졌다는 전문가들의 분석이 나오기도 했다.외신기자들과 함께 국내외의 다양한 이슈들을 살펴보는 아리랑TV 뉴스 토론 〈포린 코레스폰던츠(Foreign Correspondents)〉 17일 방송에서는 세계 기후변화의 현주소를 짚어보고 이를 해결하기 위한 다양한 노력에 대해 이야기 나눠본다. 이러한 기후변화 현상에 대해 독일 도이치벨레(Deutsche Welle)의 파비안 크레츠머(Fabian Kretschmer) 기자는 "통계에 따르면 독일의 연간 폭염 일수가 10년간 크게 증가한 것으로 나타났다. 특히 콘크리트가 많은 도심지역에 이런 현상이 부각되고 있고 어린이와 노인들의 건강을 위협하고 있다. 또한 독일 남부지역에 있는 알프스 산맥의 빙하도 녹고 있고 이는 주변에 흐르는 강들의 수위에 영향을 끼치며 홍수와 가뭄을 유발하고 있다"면서 "기후변화는 삶에 크고 전반적인 영향을 가져 온다"고 말했다.
토론 논제	우리나라도 폭염과 한파에 대해서 갑작스럽게 다가오는 경우가 종종 있고 이를 위한 대책도 필요하다. 폭염과 한파로 인해 발생하는 문제들을 정리하고, 이런 문제로 인한 피해를 최대한줄이기 위한 방법을 창의적이고 과학적으로 제안하시오.

토론논제38: 산불

문제 상황	맹렬한 불길이 모든 것을 집어삼키는 호주의 모습은 지구 종말 영화를 떠올리게 합니다. 지난2019년 9월에 시작된 불은 대한민국 국토 면적을 넘어서는 10만㎢ 이상의 숲과 초원을 태웠습니다. 많은 사람들은 삶의 터전을 뒤로한 채 피난을 떠나고, 불길을 피하지 못한 야생동물들은 손쓸 새 없이 죽어가고 있습니다. 어떻게 이런 끔찍한 일이 일어난 걸까요? 기후변화는 여전히 진행되고 있는 이번 재앙과 어떤 관련이 있을까요? 그리고 우리는 무엇을 해야 할까요? 호주에서 발생한 전례 없는 산불로 현재까지 29명이 목숨을 잃었습니다. 수많은 사람들의 집이 불탔고, 호주의 상징 코알라를 비롯한 야생동물 역시 떼죽음을 당하고 있습니다. 호주 산불은 사람들을 고통에 빠뜨릴 뿐 아니라 엄청난 환경 파괴를 일으키는 대재앙이 되었습니다. 이번 산불은 예년보다 훨씬 일찍 시작해 훨씬 더 강렬하게 타고 있습니다. 기후학자들은 호주에 심각한 산불 피해가 날 수 있다고 십 수 년전부터 경고했었습니다. 여기, 지금까지 밝혀진 이번 불로 대기오염 문제 또한 심각한 상황입니다. 시드니와 브리즈번의 오염 수준은 거의 매일 세계 최악을 기록해, 어린이나 노인, 천식 등 기저질환이 있는 사람들의 호흡기 문제를 악화시키고 있습니다. 의학 전문가들은 대기오염이 장기화 되면서 건강한 사람들에게도 심각한 문제가 생길 수 있다고 우려하고 있습니다. 이번 산불로 인한 피해는 호주에 국한되지 않습니다. 화재가 난 지역에서 약 2,000km 가량 떨어진 뉴질랜드의 일부 지역도 산불로 인한 대기오염물질로 뒤덮였습니다. 뉴질랜드의 눈 덮인 빙하는 호주에서 날아온 먼지와 입자가 쌓여 누렇게 변했습니다. 이렇게 오염된 빙하는 햇빛을 잘 반사하지 못해 더 빠르게 녹아내려 2차 피해를 유발합니다. 기후변화는 호주만의 문제가 아닙니다. 기후변화는 전 지구적으로 영향을 주는 우리 모두의 문제입니다. 우리 모두의 숲이 불타고, 우리의 이웃들이 집을 잃고 있으며, 우리의 야생동물들이 멸종되고 있습니다. 그렇다면 우리가 어떻게 도울 수 있을까요? 과연 개개인이 기후변화를 막아낼 수 있을까요? 불가능하게 느껴질 수도 있겠지만, 사실 우리들이 기후변화를 막기 위해 실천할 수 있는 일들은 아주 많습니다.
토론 논제	호주산불은 인공위성사진에서도 보일 정도로 엄청나게 큰 규모였고 오랫동안 꺼지지 않았다. 이것은 지구의 기후 변화에 의한 원인도 크게 있다고 보고 있다. 호주 산불을 통해서 알 수 있는 지구 환경 변화의 요소들을 분석하고, 이를 해결하기 위한 방안들을 과학적이고 창의적으로 제안하시오. 또한 호주 산불로 파괴된 자연 환경을 보존하고 회복 할 수 있는 아이디어를 제시하시오.

토론논제39: 화산폭발

문제 상황	백두산은 언제든 분화할 수 있는 생화산(활화산)이다. 최근 1만 년 안에도 분화 기록이 여러 번 존재한다. 특히 1000년 전인 10세기에 기록한 소위 '밀레니엄 분화'는 최근 1만 년 내 지구에서 일어난 분화 가운데 가장 강력했던 6건 중 하나로 꼽힌다. 당시 분출된 화산재는 멀리 일본까지 날아가 독특한 지층을 형성하기도 했다. 최근에도 분화가 임박한 듯 미소지진이 연거푸 일어나고 지형이 변화하는 양상이 나타나 동아시아 주변국을 긴장시키기도 했다. 언제든 분화할 수 있는 살아 있는 화산이자, 상상할 수 있는 가장 강력한 피해를 줄 잠재성을 지닌 화산이다. 백두산을 소재로 한 영화를 마냥 '픽션'으로만 볼 수 없는 이유다. 울릉도가 살아 있는 화산이라는 사실이 밝혀진 것은 오래되지 않았다. 울릉도는 약 500만 년 전 동해가 열릴 때 만들어진 화산이다. 그때는 지금 백두산 천지처럼 분화구에 물이 고인 호수 지형을 형성하고 있었다. 하지만 1만 9000년 전 마그마가 올라와 분화구의 호숫물과 닿으면서 막대한 양의 수증기가 발생하고 맹렬히 폭발한 것으로 드러났다. 이 충격으로 지하에 고인 마그마가 폭발했고, 1만2000년 전에는 일본까지 화산재를 날릴 만큼 강력한 폭발이 일어났다. 당시 지층을 뚫고 나온 암석 파편과 화산재는 일본 남부 규슈에 쌓였다. 1만 년 전 이후에도 세 번의 추가 폭발이 있었으며 마지막 폭발은 5000년 전에 일어난 것으로 보인다. 현재도 울릉도는 다른 지역보다 지열이 높다. 기존 마그마가 덜 식었거나, 추가적인 새 마그마가 존재하는 것으로 해석할 수 있다.
토론 논제	만약에 한반도에 화산이 폭발한다면 어떠한 현상이 일어날지 예측하고 이를 해결하기 위한 방안을 과학적이고 창의적으로 제시하고, 또 화산 폭발을 통해 발생한 다양한 것들을 부가가치가 높은 것으로 활용할 수 있는 아이디어를 제시하시오.

토론논제40: 스마트그리드

문제 상황	스마트그리드(Smart Grid, 지능형전력망)란 기존의 '발전-송전-배전-판매'의 단일 단계로 구성된 기존의 전력망에 ICT 기술이 결합된 지능형 전력기술로, 공급자와 소비자가 양방향으로 실시간 에너지 사용정보를 교환함으로써 에너지 효율을 최적화 시켜주는 기술이다. 그리고 스마트그리드 유토피아는 핸드폰으로 전기요금이 가장 싼 시간대를 알아보고 현명하게 전기를 사용하는 시대로, 스마트그리드 기술의 보급이 이루어진다면 아마 곧 우리의 모습이 될 것이다. 스마트그리드 기술은 사용자의 편리성과 정보의 신뢰성을 높여주는 동시에 전력 공급의 안정성과 공급-수요의 불균형 해소가 가능하며 효율적인 에너지관리를 통한 에너지 효율화와 에너지 절감을 통한 저탄소 국가 실현, 경제 성장동력 등 국익을 도모할 수 있다. 하지만 스마트그리드는 물리적 공격, 악천후, 사이버공격, 전자기파, 지자기 폭풍 등 다양한 차원에서의 위협과 취약점이 존재한다. 그중에서도 사이버 공격에 대한 우려가 가장 높은데, 그 이유는 스마트그리드가 폐쇄망인 기존 전력망과는 달리 개방형 구조를 기반으로 하기 때문이다. 또한 앞서 말했듯 스마트그리드는 전력사용의 효율성을 높이기 위한 수용자와의 정보교환이 증가하고, 고객 편의를 위한 수요반응(DR), 지능형 검침(AMI) 등 새로운 전력서비스를 제공하지만, 이 때문에 사이버 공격의 위협 가능성이 높아졌다. 한국정보보호학회에서 발행한 'AMI 공격 시나리오에 기반한 스마트그리드 보안 피해비용 산정 사례'에 따르면 전국에 보급된 스마트 미터가 200만 개이고, 그중 금번 공격으로 인해 피해를 입은 스마트 미터는 전체의 10%이다. 피해를 입은 스마트 미터 전량을 교체하는 것을 포함한 5가지 가정을 세웠을 때, 1회 손실 비용은 총 371.9억 원으로 절대 무시할 수 없는 규모의 비용이 발생한다. 심지어 여러 기기들과 연동되어 있어 보안의 취약성이 발견되면 많은 경제적 피해사례가 발생할 것이다. 출처: https://renewableenergyfollowers.org/2807 [대학생신재생에너지기자단]
토론 논제	스마트 그리드는 개인 정보가 유출 되는 문제뿐만 아니라 단순한 시스템 해킹만으로도 도시가 마비될 수 있다. 최근 사이버 공격 트렌드를 살펴보면 사이버 공격은 지금보다 더 큰 위협으로 작용하여 국가 안보적인 문제로까지 발전할 것으로 보인다. 스마트그리드의 이러한 문제점들을 분석하고 이를 해결하기 위한 창의적이고 과학적인 방안을 제시하시오. 그리고 스마트그리드의 단점을 오히려 장점으로 활용할 수 있는 아이디어도 제시하시오.

토론논제41: 인재로 발생한 지진

문제 상황	2017년 11월 15일 포항에서 발생한 규모 5.4의 강진을 지열발전소가 촉발했다는 정부 공식 조사 결과가 나왔다. 포항 지진이 천재지변이 아닌 인재였던 셈이다. 이에 따라 당시 지진으로 큰 피해를 본 피해자와 기업들의 법적 조치가 불가피할 것이란 전망이다. 이미 일부 포항시민은 정부를 상대로 손해배상 소송을 제기한 상태로, 전체 손해배상액이 9조원을 넘어설 것이라는 분석도 나오고 있다. 포항 지진은 2016년 9월 경북 경주에서 발생한 규모 5.8 지진에 이어 우리나라에서 역대 두 번째로 컸던 지진이다. 2017년 대학수학능력시험 연기라는 초유의 사태를 몰고 온 포항 지진과 지열발전 간 연관성을 검증한 정부조사연구단은 20일 서울 중구 한국프레스센터에서 기자회견을 열고 포항 지진을 지열발전소가 촉발했다는 내용의 조사 결과를 발표했다. 조사단을 이끈 이강근 서울대 지구환경과학부 교수는 "지열발전을 위해 관을 땅속으로 집어넣을 때 발생한 `이수(드릴로 땅을 팔 때 마찰력을 줄이기 위해 넣는 액체)` 누출과 주입한 물이 땅속의 `공극압(암석 내로 들어간 액체로 인한 압력)`을 높였다"며 "이로 인해 지열발전소 인근에서 발생한 작은 지진이 단층에 영향을 미쳐 규모 5.4의 큰 지진이 촉발됐다"고 결론 내렸다. 포항 지진이 자연적으로 발생한 지진이 아니라는 얘기다. 이 같은 조사단의 검증 결과는 지열발전소를 허가한 정부를 상대로 한 포항시민들의 손해배상 소송에 영향을 줄 전망이다. 지열발전소 허가 당시에 이 지역 단층 조사를 소홀히 했다는 게 이번 조사단의 연구로 밝혀졌기 때문이다.
토론 논제	인재로 밝혀진 포항지진은 안타까운 일이 아닐 수 없다. 분명 이를 대비할 수 있는 시스템이나 관리가 있었다면 막을 수 있었을 것이다. 포항의 지진처럼 인재로 발생 할 수 있는 지진에는 어떤 것들이 있고 이것을 막을 수 있는 방법을 창의적이고 과학적으로 제안하시오. 지진이 발생 한 이후의 대책을 우리나라의 실정에 맞게 아이디어로 제시하시오.

토론논제42: 건물붕괴위험사고

문제 상황	서울에서 철거 중이던 건물이 붕괴한 사고와 관련해 '인재' 가능성에 무게가 실리고 있다. 특히 전문가들은 비용 절감 철거 공법인 '폭삭공법'이 문제였다고 지적했다.지상 5층, 지하 1층짜리 철거건물이 붕괴해 약 30t의 잔해물이 건물 앞 도로에서 신호 대기중이던 차량 3대를 덮치는 사고가 발생했다. 소방당국은 사고 원인을 지하 1층 천장 철거 작업 중 건물 상부 잔해물이 한쪽으로 쏠리면서 가림막이 버티지 못해 도로 쪽으로 무너진 것으로 파악하고 있다. 전문가는 이 철거 과정에 문제점을 제기했다. 조원철 연세대 토목환경공학과 명예교수는 "5층짜리 건물의 경우 위에서부터 차례대로 건드려야 하는데, 시간과 비용을 단축할 수 있는 이른바 '폭삭공법(단층붕괴공법)'을 이용해 철거를 진행하다보니 사고가 난 것"이라며 "폭삭공법은 동서남북으로 해당 건물 만큼의 공간이 충분할 경우에만 쓸 수 있는 공법"이라고 설명했다. 단층붕괴공법은 그 자리에 폭삭 주저앉히는 철거 공법으로, 지난 2017년 발생한 종로구 낙원동 숙박업소 붕괴사고 당시에도 사고 원인으로 지적된 바 있다. 조 교수는 "공사현장 가림막도 먼지를 막아주는 역할만 할뿐 무너지는 경우를 막지 못한다"며 "붕괴 전조현상 등만 가지고도 이야기할 수 없고, 결국은 철거 공법이 원인"이라고 지적했다.
토론 논제	안전사고가 인재로 인해서 발생하는 일이 자주 일어나고 있는 가운데 특히 건물 붕괴로 인한 피해 사례가 종종 있다. 건물 붕괴 사례들을 조사하고 이를 해결하기 위한 안전 수식 및 과학적인 해결방안을 제시하시오.

토론논제43: 메타버스

문제 상황	현재 쓰이고 있는 메타버스는 그 단어가 처음 등장한 원전에의 권위에 의존하지 않고 있습니다. 그러니 메타버스는 원전에 구속되지 않은, 가상현실에 대한 각각의 사고와 주장들에 의해 뜬구름 잡는 얘기들이 오가는 일종의 헤게모니의 장이라는 점을 일단 이해해야 합니다. 그런데 여기에는 단순히 뜬구름 잡기 이상의 것이 있습니다. 바로 돈입니다. 특히 메타버스의 실현 가능성을 강조하는 이들은 대부분 자신의 개념과 주장에 대한 세일즈 포인트로 가상 공간에서의 상업 행위를 어필해서 사람들을 유혹하죠. '오래된 미래가 여기 있으며 당신도 한 몫 챙길 수 있다'면서 말입니다. <SF적 미래인가 돈놀이꾼들의 사기극인가> 메타버스를 둘러싼 논란 현상을 좀 더 이해하려면 이것을 컨설팅 비즈니스라고 생각하면 편합니다. 컨설팅 비즈니스는 필연적으로 미래에 대한 설계도와 상상도를 제시함으로써, 미래를 위한 돈을 끌어당기는 일종의 기대치 장사입니다. 그리고 그것은 대개 확립되지 않은 영역을 건드리는 만큼 표준화와 개념 정립에 대한 이해당사자들 간의 치고박는 싸움을 동반할 수밖에 없습니다. 비관론자들과의 전쟁 외에 희망론자들 사이에도 파벌이 갈린 내전이 펼쳐지게 됩니다. 그러나 그렇다고 그저 막연하지만은 않은 게, 가상현실과 그와 관련된 개념들이 등장한 것도 어언 사십여 년이 넘었기 때문입니다. 이제 우리에게 익숙한 증강현실 개념은 그 단어가 안 쓰이던 시절 만들어진 영화 「백 투 더 퓨쳐2」에서도 발견되죠. 말하자면 메타버스란 신종 단어는 그동안 가상현실이라는 단어 아래서 계속 연구되었던 것들이 이제 한 판 자웅을 겨룰 수 있게끔 대전의 장을 마련했다고도 볼 수 있습니다. 즉 메타버스는 일종의 투기장이기도 합니다. 파이터들이 될 수 있는 주체와 소재들은 무수하게 쌓여 있습니다. 그 덕에 '어, 진짜 이렇게 될 거 같은데?' 하는 정서가 실리게 되었고, 이 대전의 장에 뛰어든 선수들에게는 판돈들이 걸리고 있는 중이죠. 그런 현실을 반영하듯 주식시장에는 이미 수많은 메타버스 파생 상품들이 우후죽순 등장하고 있는 중입니다. 혼돈! 파괴! 망가! 그렇다면 사회적으로 이 현상을 과연 어떻게 바라봐야 할까요? 일단 비트코인과 같은 가상화폐의 사례를 들어볼 수 있겠습니다. 우리는 가상화폐가 여전히 현실에선 통화 수단으로서의 본연의 기능을 하지 못하지만 엄청난 액수의 눈먼돈을 끌어들이고 사람들을 휘두르는 세상을 구경하고 있습니다. 가상화폐가 언젠가는 우리 생활에 직접적인 통화 가치를 갖고 본연의 역할을 하는 미래가 있을지는 모르겠으나, 현재로선 그 미래에 대한 판돈과 유희가 뒤엉켜 있는 상태라고 봐야 할 것입니다. 메타버스 또한 현재로선 그와 비슷한 상태라고 볼 수 있을 듯합니다.
토론 논제	메타버스를 활용한 다양한 서비스와 사회 경제적인 활동들이 늘어나고 있고, 가상현실이 이용한 세계가 펼쳐질 날이 멀지 않았다. 하지만 메타버스가 더 많은 사람들이 사용하게 되었을 때 발생할 수 있는 문제들이 생길 수 있다. 이런 문제들이 무엇들이 있으며 이것을 해결하기 위한 과학적인 해결방안에 대해서 주장하시오.

— Realsoup영재아카데미 —

〈 5회 특강 진행 방식 〉

	수업계획	내용	과제
1차시	다양한 주제정리 자료분석 및 정리 개요서 작성	탐구토론대회 소개 다양한 논제에 대한 개요서 작성 방향 작성 논제 및 문제해결 방안 근거 자료 찾기 자료 분석 요령 연습 개요서 작성 요령 연습 피드백 및 개요서 작성	자료 분석 요약 이슈 3가지 요약 및 생각 정리해오기 기출문제 개요서 작성
2차시	주제 및 자료 분석 자료 검색 및 정리 개요서 정리 발표문 완성	다양한 논제 분석 개요서 작성 내 용 검증 자료 찾기 관련 자료분석 창의적인 문제 해결방안 피드백 및 개요서 작성	자료 분석 요약 이슈 3가지 요약 및 생각 정리해오기 기출문제 개요서 작성
3차시	주제 및 자료 분석 자료 검색 및 정리 개요서 정리 발표문 완성	자료 분석 요령 연습 창의적인 문제 해결방안 작성 훈 련 및 근거 자료 찾기 , 개요서 작 성	자료 분석 요약 이슈 3가지 요약 및 생각 정리해오기 기출문제 개요서 작성
4차시	작성한 개요서 정리 및 완성 발표문 완성 및 발표 연습 모의 토론 연습	대회 실전 대비 기출 & 예상 주제 이용한 개요서 쓰기 및 발표 & 모의 토론	기출문제 개요서 작성 자료분석 요약 예상 질문 및 답변 정리 근거자료정리
5차시	토론 전략 훈련, 모의 토론 및 피드백	대회 실전 대비 기출 & 예상 주제 이용한 개요서 쓰기 및 발표 & 모의 토론	기출문제 개요서 작성 자료분석 요약 예상 질문 및 답변 정리 근거자료정리